「ひよりごと」
我が家の逸品

HIYORIGOTO IS A RECORD OF HER SHOPPING.

THE VERY WONDERFUL THINGS ON
WHICH SHE DOTES IS REPORTING TO THIS BOOK.

ひより

イースト・プレス

Contents

#1_KITCHEN & DINING

p.006	タカヒロ／細口ドリップポット『雫』ディモンシュ オリジナルカラー
p.008	interDesign／ドロワーオーガナイザー
p.010	Eichenlaub／カトラリー
p.012	WUSTHOF／ナイフブロック
p.014	MENU／ボトルグラインダー オールステンレス
p.016	CHEMEX／ガラスハンドル コーヒーメーカー
p.018	ambienTec／クリスタル
p.020	鍛金工房 WESTSIDE33／銅製羽釜
p.022	Own.／フラグメント ボード
p.024	alfi／ステンレス製卓上用ポット
p.026	oxo／ポップコンテナ
p.028	KOHLER／シンプライス K-596
p.030	JONAS LINDHOLM／ホワイトライン
p.032	Paul Giraud／ポール・ジロー スパークリング・グレープ・ジュース
p.034	JAMES MARTIN／ジェームズマーティン フレッシュサニタイザー
p.036	SOEHNLE／サイバー デジタルキッチンスケール
p.038	KAYMET／トレイ511
p.040	TRENDGLAS／ガラスティポット フォートゥー ウィズ ガラスストレイナー
p.042	Christiane Perrochon／ボウル
p.044	1616/arita japan／TYパレス
p.046	ワイヤーオーナメント
p.048	工房アイザワ／計量スプーン
p.050	pappelina／イルダ ラグ
p.052	ENCHAN-THÉ JAPON／南部鉄器カラーポット アラレNo.5
p.054	Iris Hantverk／クロースブラシ ホース
p.056	硝子屋 PRATO PINO／ナチュラルグラス-W
p.058	Peugeot／デキャンタ クリーナー ビルボ
p.060	HIMLA／マヤ コーテッドリネン
p.062	CRAFT PLUM／オノオレカンバ 五角箸
p.064	RÖSLE／キッチンツール
p.066	FILE／ケーエスワンエフ

#2_LIVING ROOM

p.070	by Lassen／クーブスボウル スモール
p.072	MENU／グライディミー ミラー
p.074	COFFEE TABLE BOOKS／ノーマ:タイム アンド プレイス イン ノルディック キュイジーヌ
p.076	JUNGHANS／マックスビル 掛け時計 367/6047.00
p.078	ikea／クヴィッスレ マガジンファイル
p.080	AGRIPPA／アグリッパ バインダー
p.082	ARTEMIDE／トロメオ テラ
p.084	THE VINTAGE VOGUE／レイン ウッド トレイ
p.086	LINN／マジックDSM
p.088	FILE／リブラ
p.090	Kitz-Pichler／ハル
p.092	Cannon／イオス 5D マーク Ⅲ
p.094	PAPER COLLECTIVE／ホエールリプライズ
p.096	KÄHLER／オマジオ ベース
p.098	Designers Guild／アラウンドザワールド クレヨン
p.100	CONCRETE CRAFT／ボタン ティッシュ ボックス
p.102	ERZ／ベツレヘムの星 オーナメント

#3_BATHROOM

p.110　Santa Maria Novella／フレグランスソープ

p.112　Santa Maria Novella／バスソルト ザクロ

p.114　Aēsop／レバレンス ハンドウォッシュ & more

p.116　THE CONRAN SHOP／スーピマ コットン タオル

p.118　DIPTYQUE／ディプティック キャンドル ベ

p.120　THE LAUNDRESS
　　　／ファブリックフレッシュ & more

p.122　ZACK／アルゴス ドアストッパー(50618)

p.124　CONRAD TOKYO／コンラッド・ダック

p.126　BRAVEN／ブラヴェン 710

p.128　TILE PARK／メトロ

p.130　KOHLER／フォルテ ロープフックK-11375

p.132　SUWADA／SUWADAつめ切り CLASSIC

p.134　Murchison－Hume
　　　／"ボーイズ・バスルーム"クリーナ

p.136　無印良品／歯ブラシ

p.138　DBK
　　　／ザ クラシック スチーム&ドライ アイロン(J95T)

p.140　REDECKER／オーストリッチ羽はたき

#4_2nd FLOOR

p.148　Louis Poulsen／PHアーティチョーク

p.150　FINN JUHL／ポエト ソファ

p.152　the Stendig calendar／ステンディグ カレンダー

p.154　TOLIX／エイチスツール

p.156　Vitra／イームズ ハウス バード

p.158　Vogel／ラジオメーター

p.160　HOPTIMIST／ウッディ ホプティミスト

p.162　TASIBEL／ランアガベ

p.164　Fritz Hansen／セブンチェア キャスター(3117)

p.166　ZACK／フェリーチェ スタンドミラー(40114)

p.168　Iris Hantverk／ブルーム

p.170　Santa Maria Novella /
　　　L'ARTISAN PARFUMEUR / BYREDO／香水

p.172　無印良品／インド綿高密度サテン織ホテル仕様
　　　寝袋カバーシリーズ

p.174　bastisRIKE／ザ・グリッド-コットン ブランケット

p.176　Johnstons
　　　／Drawer別注 大判カシミヤチェックストール

p.178　SMYTHON／プレミア ノートブック

p.180　SMYTHON／パナマ カードホルダー

p.182　Santa Maria Novella／アルメニアペーパー

p.184　BP.／スナップ キーリング

p.186　Montblanc
　　　／マイスターシュテュック
　　　プラチナ クラシック ボールペン

p.188　OLIVER PEOPLES／デントン / ロリアン

※各クレジットについて
[country:原則としてブランド本拠地　size:公式のサイズ表記、もしくは著者私物の実寸　color:公式のカラー表記に準ずる]
その他、商品ごとにクレジット項目を適宜アレンジしています。

※商品に関するお問い合わせが可能な場合のみ、問い合わせ先URLを掲載しています。

#1 Kitchen & Dining

#1_KITCHEN & DINING

001

POT

タカヒロ

細口ドリップポット『雫』
ディモンシュ
オリジナルカラー 0.9L

［COUNTRY：JAPAN　COLOR：BLACK　SIZE：H160×W240×D120mm］

　新潟県燕市にある厨房用品メーカー、タカヒロの大人気シリーズがこちらのコーヒードリップポット。写真のカラーは鎌倉のカフェ・ヴィヴモン・ディモンシュ別注の、つや消しブラック。定番のステンレス製ポットに耐熱シリコンを塗装して仕上げてあります。定番カラーに見慣れていたので、はじめて見たときはとても斬新に感じました。

　我が家では、沸騰したお湯をドリップポットに移して使っていて、こうすることで温度もドリップに

ちょうど良くなりますし、塗装の傷みも防げます。また、お湯がひときわ細く注げるのも、タカヒロならではの魅力。

　キッチンには同色のアイテムが多く、ポットと一緒に購入したコーヒーキャニスターもつや消しブラックです。こちらもディモンシュのオリジナルデザインですが、シンプルなのに個性があってすごく素敵。

　お店の雰囲気もとても好みで、鎌倉に行くときの楽しみにもなっています。

【dimanche webshop】http://dimanche.shop-pro.jp/

#1_KITCHEN & DINING

002

ORGANIZER

interDesign
インターデザイン

Drwaer Organizers

ドロワーオーガナイザー

［COUNTRY：USA　COLOR：−　SIZE：H51×W81×D325mm（写真上）、
H51×W81×81mm（写真中）、H51×W81×D163mm（写真下）］

　アメリカの家庭用品メーカー interDesign は、高いデザイン性と実用性を兼ね備えたキッチン・バス用品を発信するブランド。我が家ではこのオーガナイザーを数え切れないほど活用していて、例えばパントリーの細々とした雑貨を仕分けするのにも使っています。ずらりと並んだ姿はとても美しくて気に入っています。

　プラスチック製ですが透明度が高く、スタイリッシュなデザインなのでチープに見えません。ラバー製の

滑り止めが機能的で、サイズ展開も豊富、かつ、組み合わせやすい設計になっているのでついつい増えてしまうのです。

　四隅のギミックがスタッキングしやすく設計されているため、使っていない時でもコンパクトに収納できますし、出し入れもしやすくなっています。

　私は底のストライプ模様にも愛着を持っていて、ちょっとしたスペースを見つけては、いそいそとこのオーガナイザーを手にとるのです。

#1_KITCHEN & DINING

003

CUTLERY

Eichenlaub
アイヘンラウプ

Cutlery

カトラリー

［COUNTRY：GERMANY　COLOR：–　SIZE：195mm（テーブルフォーク）、225mm（テーブルナイフ）、
190mm（テーブルスプーン）、150mm（フルーツフォーク）、145mm（ティースプーン）］

刃物の本場、ドイツが生んだ高級カトラリーブランド Eichenlaub。一枚のステンレス板から鋳造し、研磨から仕上げまでの工程を全てマイスターが手作業で行っています。また、このカトラリーの原型となった double bolster という柄の形は 19 世紀末には存在しており、当時は教会の夕餉で使われるデザインとしてよく知られていたそうです。

柄の素材には様々なバリエーションがあり、ローズウッドやオークなどの木材を使ったものやアクリル製のもの、牛や鹿の角を使ったアイテムなど、まさに芸術作品といった趣。

使いやすい適度な重みは実用品としての質が高いことを証明していますし、エレガントなデザインもふくめて非の打ちどころがありません。

出会ってから何年もかけて少しずつ集めているコレクションでもあり、これからも我が家の一生モノとして大切にしていきたいと思っています。

page 010_011

#1_KITCHEN & DINING

004

KNIFE HOLDER

WUSTHOF
ヴォストフ

Knife block for 9 Pieces

ナイフブロック

[COUNTRY:GERMANY　COLOR:BLACK　SIZE:H195×W90×D280mm]

　ドイツの工業都市ゾーリンゲンで は中世より刃物工業が盛んだったそ うで、WUSTHOF はそんな世界的 な包丁作りの街で製造されているナ イフブランドです。200 年にもわた る一族経営が実現した高品質なアイ テムは、プロの料理家からも絶大な 支持を集めています。

　そんなプロお墨付きの包丁はグ リップの握りやすさや切れ味、耐久 性にも優れていて使いやすく、我が 家の包丁の多くはこちらのブランド のもの。

　ナイフと同じくナイフスタンドも 同社製のものを使っていて、我が家 のキッチンインテリアの重要なアイ コンとなっています。

　木製なのにそうは見えない男前な 出で立ちが高級感を演出し、モノ トーンインテリアにもマッチするデ ザイン。

　長年憧れていた素敵なナイフブ ロックに合わせるものだからこそ、 自然とキッチンツールにもこだわる ようになりました。

page 012_013

#1_KITCHEN & DINING

005

GRINDER

MENU
メニュー

Bottle Grinder, 2-pack (Metal)

ボトルグラインダー オールステンレス 2本セット

［COUNTRY：DENMARK　COLOR：Brushed stainless steel
SIZE：φ80×H205mm］

　MENU は 1979 年に設立されたデンマークのデザイン会社で、スタイリッシュなデザインのテーブルウェアやインテリアグッズを多く発表しています。北欧インテリア好きにはお馴染みのブランドで、我が家でもたくさんのアイテムを採用しています。

　ノームアーキテクツによるデザインのボトルグラインダーシリーズは日本でもとても人気があり、様々なカラー展開があります。我が家の愛用品はオールステンレスのタイプで、

マットなヘアライン仕上げが魅力。

　ペッパーとソルトの見分けがつくようさりげなく入れられた「P」と「S」のフォントも愛らしく、また手入れのしやすさや、長く使えるところにも愛着がわきます。

　重さや直径などのサイズ感も適度で力が入れやすく、キッチンや食卓に出しておいてもおしゃれなデザインなので収納の手間がありません。

page 014_015　　　　　　　【シンワショップ】http://www.shinwashop.com/

#1_KITCHEN & DINING

006

COFFEE MAKER

CHEMEX
ケメックス

Six Cup Glass Handle CHEMEX®

ガラスハンドル コーヒーメーカー 6 カップ

[COUNTRY：USA　COLOR：–　SIZE：φ135（上部）× φ140（底部）× H210 mm]

　1941 年の誕生以来、ロングセラーとして世界中のコーヒー通から愛され続けている CHEMEX。オールガラスのシンプルなデザインは一切の無駄を削ぎ落とした潔さや清廉性を感じます。また、ニューヨーク近代美術館（MoMA）など多数の美術館で永久展示品に選ばれる（ウッドハンドルタイプ）など、アートとしての佇まいも魅力的です。

　我が家では新築時に導入してから十数年間にわたり愛用し続けていて、私の不注意でひび割れてしまったときにも同じものを買い直すほど偏愛しています。

　見ての通り水洗いできないパーツがないのでお手入れしやすく、日常的に使うアイテムとして本当に助かります。

　コーヒーマシンで淹れたものとはまた違った美味しさがあり、こちらの方が手間と時間がかかる分、挽いた豆がふくらむ様子をゆっくりと楽しむことができます。気分によって好きな方法をセレクトできることが、日々の暮らしを少しぜいたくなものにしてくれるのです。

【北欧デザイン】http://www.rakuten.ne.jp/gold/hokuo-design/

#1_KITCHEN & DINING

OO7

LIGHT

ambienTec
アンビエンテック

Xtal

クリスタル

[COUNTRY:JAPAN　COLOR:-　SIZE:φ80×H82mm]

撮影機材メーカーとして世界最高クラスの技術力を誇る会社の創設者、久野義憲氏が2009年に創立したカンパニー ambienTec。それまでの経験や、確かな開発スタッフとの連携によって、配線のない高品位な照明器具を世に送り出すために作られたブランドなのだとか。

私がこのライトと出会ったのは、インテリアショップの店頭でのこと。ひと目見て、食卓で使いたいと感じました。充電式のコードレスライトは扱いやすく、パッと目をひくクリスタルのカッティングも素敵で、テーブルが一気に華やぐと思ったのです。さらに、防水製品であることもわかり、購入を決意。手にした日からその魅力には毎日感動しています。

やわらかく広がる光がとても美しく、テーブルに作られる陰影もアートのようです。また、それまで食卓で使っていたキャンドルと比べても安全性が高いため扱いが楽でした。

今では我が家の食卓に欠かせないアイテムです。

【シンワ ショップ】https://www.rakuten.co.jp/shinwashop/

#1_KITCHEN & DINING

008

RICE COOKER

鍛金工房 WESTSIDE33
タンキンコウボウ ウエストサイド 33

銅製羽釜（蓋つき）3 合

［COUNTRY：JAPAN　COLOR：－　SIZE：φ135（上部）×φ140（底部）×H210 mm］

京都の職人たちが立ち上げた WESTSIDE33 は、三十三間堂近くに店舗を構える生活道具のためのファクトリーブランド。日本の伝統的な製法で丁寧に作られた調理器具はプロの料理人にも選ばれているものばかりです。

帰りの遅い夫とゆっくり食事ができるのは週末のみなので、できる限り美味しいものを用意したいと考えはじめてから、我が家では電気式の炊飯器を使っていません。お鍋で炊いたご飯を夫が気に入っ

たことをきっかけに色々と検討しながらたどり着いたのがこの羽釜。

同じお米を使っても、この羽釜で炊いたご飯は別物のように美味しく炊きあがります。

お米の表面は瑞々しくつややかなのに、噛み応えや程よい弾力があり、お米の間に空気を含んだような仕上がりには「米が立つとはこのことか」と納得の美味しさです。

#1_KITCHEN & DINING

009

CUTTING BOAD

Own.

オウン

Fragment Board

フラグメント ボード

［COUNTRY：JAPAN　COLOR：WHITE OAK　SIZE：H280×W170×D15mm（S）、
H365×W200×D15mm（M）、H545×W180×D15mm（L）］

いつもチェックしているお店のひとつであるB.L.Wが立ち上げたブランド、Own.。そのファーストプロダクトがこちらのカッティングボードです。B.L.Wがデザイン、制作は家具職人CRAGGが担当しています。

多角形のデザインがアーティスティックなのに対して、無垢材の温かみが道具としての魅力を最大限に引き出しています。あまりにも好みだったので、私は発売と同時に3サイズ全てお迎えしました。

ホームパーティの際にカナッペを並べてのせたり、カッティングボードとしてチーズやバターを切り分けるときなどに大活躍しています。

また、大きめにあけられたホールのサイズなど、デザイン的なディテールにも優れているので、撮影小物としても重宝しているアイテム。

こういう華美ではないデザインなのに存在感のあるアイテムはインテリアの一部としても成立するので目にする機会も自然と増えます。

【B.L.W】 http://borderless-lw.com/

page 022_023

#1_KITCHEN & DINING

010

POT

alfi
アルフィ

alfi vacuum carafe Juwel

ステンレス製卓上用ポット

[COUNTRY：GERMANY　COLOR：WHITE　SIZE：H248×W163×D134mm]

1914 年にドイツで真空保温ポットメーカーとして誕生した alfi 社。世界に誇る真空保温ポットのトップメーカーで、世界中の一流ホテルやレストランで採用されています。

数十年前に私が初めて出会ったのもウェスティンホテルの朝食時に使われていたものでした。その頃からいつか我が家にも……と憧れていましたが、念願叶ってやっとお迎えしたのは数年前。

定番のオールクロームではなく、あえてホワイトをチョイスしたのは、どこか可愛らしさを感じたから。保温力も高く、使用感にも納得のお買い物となりました。

こだわりの道具でコーヒーを淹れた朝食や、お客様と食後のティーブレイクなど、どんなシーンでも取り出したくなるビジュアルはいつまでたっても飽きることがありません。

※写真と同一の商品は現在生産しておりません。

#1_KITCHEN & DINING

O11

CONTAINER

OXO
オクソー

Pop Container

ポップコンテナ

［**COUNTRY：USA COLOR：ステンレス SIZE：H80×W110×D110mm**
（写真右/**Small Square mini**）、**H800×W110×D160mm**（写真左/**Rectangle mini**）］

　片手で簡単に開閉できる保存容器。ふたの中心にあるボタンを押すだけで開き、飛び出したボタンをそのままハンドルとして使えます。

　容器の形状が3種類（Small Square、Rectangle、Big Square）、高さが4種類（mini、short、medium、tall）と合計12種類（形状の違う snack jar も入れれば13種類）ものサイズバリエーションがあり、そのどれもを組み合わせて使えるように設計されています。

　数年前にキッチン収納を見直した際、必要なサイズと数量を念入りに計算して購入しました。

　ヘアライン仕上げのマットな質感には高級感があり、並べた姿の美しさも格別で、ステンレスカラーにして良かったと思っています。カチッと開閉する時の手応えも心地よく、気に入っているポイント。

　今後も必要に応じて買い足したり移動したりしながら使っていきたいアイテムです。

※ステンレスタイプのふたは一部サイズのみの展開です。
【オクソー・ジャパン】http://www.oxojapan.com/

#1_KITCHEN & DINING

012

KITCHEN
ACCESSORY

KOHLER
コーラー

Simplice® K-596

シンプライス K-596

〔COUNTRY：USA　COLOR：BL（Matte Black）　SIZE：H422×D229mm〕

　KOHLER はオーストリア系移民のジョン・マイケル・コーラーが創業した小さな工場が始まりだというブランド。1929 年には浴槽として初めてニューヨーク・メトロポリタン美術館に商品が展示され、世界的な知名度を獲得したのだそう。現在では世界各地に事業を展開しています。

　キッチンをリフォームした際、シンクも水栓も KOHLER 社のものを採用しました。水栓はマットなブラックカラーに統一。天板も ULTRA SURFACE という黒い新素材を採用してもらったので、シンクの白とのコーディネートを楽しんでいます。

　シンクはぼってりと厚みのある琺瑯製。2 層になっているので調理中に洗い物を避けておけたり、食器洗いとすすぎを順序立ててこなせたりととても機能的です。

　また、ソープディスペンサーや洗いかごを別置きせずにすむので、キッチンをすっきり保てます。

page 028_029

【ジャパンコーラー】 http://www.jpkohler.com/

#1_KITCHEN & DINING

013

CUP

JONAS LINDHOLM
ヨナス・リンドホルム

White Line

ホワイトライン

[COUNTRY：SWEDEN　COLOR：－　SIZE：φ76×H65mm（マグS）、φ85×H80mm
（マグM）、φ60×H57mm（ジャグSS）、φ115×H160mm（ジャグL）]

陶器の産地として有名なスウェーデンのグスタフスベリに工房を構える陶芸家ヨナス・リンドホルムの作品。ホワイトラインというシリーズのマグとジャグです。ろくろを使って作ったもので、ひとつひとつ表情が異なるため、ハンドクラフトの温もりを感じます。反面、白い釉薬の表面と土色のラインが絶妙なコントラストを描くデザインは静謐なオーラも漂っているよう。

厚みがなく軽いので繊細な印象を受けるのに、レンジやオーブンまでOKという懐の深さは道具としての魅力をすべて兼ね備えています。

我が家ではジャグSSはミルクやシロップを入れてピッチャーとして、ジャグLはフラワーベースとして使うことが多いです。マグSはいちばん出番の多いアイテムで、コーヒーから紅茶、日本茶まで色々なシーンで手にします。Lサイズのマグはミルクたっぷりのカフェオレや、具沢山スープなどを入れて使っています。

【Pleasure】http://www.rakuten.co.jp/gold/pleasure/　　　　page 030_031

#1_KITCHEN & DINING

014

DRINK

Paul Giraud

ポール・ジロー

Paul Giraud Jus de Raisin Gazeifie

ポール・ジロー スパークリング・グレープ・ジュース

[COUNTRY:FRANCE　COLOR:-　VOLUME:750ml]

　数年前に食事をしたレストランで出会った、Paul Giraud のジュース。アルコールが苦手な私でも飲めるノンアルコールジュースで、その美味しさに感動して自宅用にも購入するようになりました。

　素敵なボトルはおもてなしのテーブルコーディネートにもぴったりで、友人を招いたホームパーティでも大活躍。私のようにアルコールが苦手な方や、妊娠中、運転前などでお酒を飲めないゲストにも特別なドリンクをお出しできることはとてもありがたいです。

　ポール・ジローとはジロー家が手作りで製造するコニャックの銘柄。創業以来 200 年以上にもわたってとことん手作りにこだわった丁寧な製法で作られ、当然毎年の商品にも限りがあります。このジュースも同様で、年に一度の限定生産品。そのため我が家では発売と同時に一年分のジュースを購入し、特別な日に開けるようにしています。また、ちょっとしたことですが、年ごとに変わるラベルデザインも楽しみのひとつ。

page 032_033

#1_KITCHEN & DINING

015

CLEANER

JAMES MARTIN
ジェームズマーティン

JAMES MARTIN
FRESH SANITIZER
500ml スプレーボトル

ジェームズマーティン フレッシュサニタイザー 500ml スプレーボトル

[COUNTRY：JAPAN　COLOR：−　VOLUME：500ml]

　食品添加物としても使われる原料
など、安全な成分のみで作られた除
菌用アルコールスプレー。

　一般的なアルコールは、キッチン
などの水まわりでは効力を発揮しづ
らいものですが、この製品は濡れた
場所でも除菌効果を発揮するのだそ
う。

　ジョエル・ロブションなど一流レ
ストランでも多く採用されていて、
外出時に見かけることも多いアイテ
ムです。

　品質だけでなく素敵なボトルデザ

インにも惹かれていて、見えるとこ
ろに置いてあってもインテリアの邪
魔になりません。

　日々使うものですから、パッケー
ジデザインはとても重要。出してお
けるからこそ、小まめに使うように
なり、キッチンを清潔に保てていま
す。

※現行の商品とはボトルの仕様が異なります。

#1_KITCHEN & DINING

016

KITCHEN TOOL

SOEHNLE
ツェーンレ

Cyber Digital Kitchen Scale

サイバー デジタルキッチンスケール

[COUNTRY:GERMANY　COLOR:SILVER　SIZE:H70×W200×D270mm]

　1868 年創業の SOEHNLE は欧州最大級の計量機器ブランド。これまでに生産、販売してきた商品総計は 2 億台を超え、これは世界最高クラスの記録だそうです。

　特に体重計は高精度な計量性能だけでなく、スタイリッシュなデザインも多くの支持を集め、世界中の高級ホテルにも採用されているのだとか。

　我が家ではこのキッチンスケールを新築時から愛用しています。

　頻繁に使うものだからこそ、その

偏愛ぶりは顕著。実は、使い始めて 10 年経ったころに先代が故障してしまったとき、すでに廃版になっていたものを探し回って買い直したのです。つまり現在使っているこちらは 2 代目。もう次はないと思うので、より一層大切に使っていきたいです。

page 036_037

※こちらの商品は現在販売しておりません。

#1_KITCHEN & DINING

017

TRAY

KAYMET
ケイメット

TRAY 511

トレイ 511

[COUNTRY：UK　COLOR：BLACK，SILVER　SIZE：H250×W320×D18mm
（ハンドルを含まず）]

創業70年になるロンドンの老舗トレイメーカーKAYMET。料理家やデザイナーにも愛用者が多く、シンプルで美しいデザインと丈夫さ、使い勝手のよさが魅力です。

プレスして造られるトレイは継ぎ目のない滑らかな仕上がりで、スタッキングも可能。

20年ほど前に、お店で見かけて購入したものをずっと愛用していて、来客時にお茶の用意をのせてテーブルへ運ぶのに使ったり、ランチョンマット替わりに使ったりとダイニングで使用することが多いアイテムです。

一時的に日本国内で入手しづらくなっていましたが、数十年の時をあけて最近買い足したものも全く同じサイズのままでした。長きにわたり、変わらず愛され続けるデザインはいつまでも新鮮さと美しさを保っていますし、変わらないブランドの自信を感じずにはいられません。

page 038_039

【m+h unit】http://www.mh-unit.com/

#1_KITCHEN & DINING

018

POT

TRENDGLAS
トレンドグラス

Glass Teapot FOR TWO with glass strainer

ガラスティポット フォー トゥー ウィズ ガラスストレイナー

[COUNTRY:GERMANY　COLOR:－　SIZE:H143×W125×D104mm / 400ml]

　ドイツでもっとも有名な耐熱性ガラスのブランド、イエナグラス。300℃もの高温にも耐えられるホウケイ酸ガラスを使用しており、温 / 冷どちらにも、幅広い温度に対応できる耐久性が魅力です。2005 年にハンガリーにあるメーカーのグループ会社となり、TRENDGLAS へと名前を変更しました。

　このガラスポットは、絶妙な丸みを帯びたシェイプも、ストレーナーまでガラスで作られたデザインも全てが好み。

　お茶の出る姿をゆっくりと眺める時間にも癒されるので、気がつくとこればかり使っています。

　来客時にもよく使うアイテムで、テーブルに出ている姿が美しいところはゲストとのちょっとした話題にもなります。ガラスメーカーならではの強いこだわりが随所に散りばめられたお気に入りの一品です。

#1_KITCHEN & DINING

O19

DISH

Christiane Perrochon
クリスチャンヌ・ペロション

Stoneware Bowl

ボウル

[COUNTRY：ITALY　COLOR：WHITE BEIGE　SIZE：φ260×H93mm]

　クリスチャンヌ・ペロションはスイス ジュネーブ出身の陶芸家。40年ほど前からトスカーナに移り住み、自身の工房を構えて作品を発表し続けています。全ての工程を手作業で行うペロションならではのデザインと完成度は芸術品としての価値も高く、世界中にコレクターがいるほどです。

　そういう私も20年来のコレクターのひとりで、色やサイズの異なる様々な器を所有していますが、特に、美しい景色を思わせるストーンウェアの色味はペロションならではだと感じます。

　フリーハンドで作るものの他に、ろくろを使って作られる作品も多くあり、こちらもそんな器のひとつ。

　どこか和食器の趣も感じさせるので和食との相性もよく、その懐の深さにもまた魅了されてしまうのです。

page 042_043

#1_KITCHEN & DINING

020

DISH

1616/arita japan
イチロクイチロク アリタジャパン

TY Palace

TY パレス

[COUNTRY：JAPAN　COLOR：Plain Gray　SIZE：φ166×H23mm（Size 160）、φ227×H23.5mm（Size 220）]

　有田焼の産地である佐賀県有田市は1616年に日本で最初の陶磁器が作られたとされる場所だそう。1616/arita japanはデザイナー柳原照弘氏が有田焼の伝統を踏襲しながらもこれまでとは異なるデザインアプローチで作品作りを試みる器のシリーズ。

　このTY Palaceは名門パレスホテルのために作られた特別な器。マットな質感の潔い色味には清潔感があり、陰影が際立って見える美しい形状はテーブルの上でもはっと目をひくデザインです。

　日本の伝統的なモチーフとも相性がよく、我が家のお正月には欠かせないアイテムでもあります。オーブン、レンジ、食洗機までOKというのも嬉しいポイントです。

page 044_045

#1_KITCHEN & DINING

021

KITCHEN TOOL

ワイヤー
オーナメント

［COUNTRY：SWEDEN　COLOR：−　SIZE：六角 / 約 φ180×H20mm］

　スウェディッシュアイテムの企画展で購入した鍋敷き。ワイヤーを駆使して作られた製品はスウェーデンの人々にとって古くから馴染みがあり、現代のワイヤーワークアイテムの多くは彼らによって広められたのだとか。

　企画展には特に調理器具などのキッチングッズが多くありましたが、そのなかでも心を奪われたのがこちらです。

　もともと六角形のデザインが好きだということもあり、最初に見かけたときに欲しいと思ったものの、鍋敷きとしては少し値の張る商品だったので一度諦めました。しかし、帰宅しても忘れられないほど気に入ってしまったため、再度お店を訪ねて手に入れたという思い出もあります。

　食卓に出して使うものですから、デザインが気に入ることはもちろん、水洗い可能で清潔に保てるという点も、長く使う上では大きな魅力だと思っています。

page 046_047　　　　　　　　　　　　　※こちらの商品は現在販売しておりません。

#1_KITCHEN & DINING

022

KITCHEN TOOL

工房アイザワ

measuring spoon

計量スプーン

［COUNTRY：JAPAN　COLOR：－　SIZE：195mm（大さじ）、182mm（小さじ）］

世界的な金属製洋食器生産の町、新潟県燕市。そこに本社を構えるアイザワは大正11年創業の老舗道具店です。機能的であることと道具としての美しさを兼ね備えた製品は世界中のモノ好きたちを魅了しています。

結婚前から何十年も使っているこの計量スプーンは、食材の計量をするだけでなく、そのままソースを混ぜたり和え物を作ったりと、調理器具として万能。今では大さじ、小さじそれぞれ数本ずつ持っていますが、料理をするたびに使うので、これなしでは我が家の食卓は成立しないと言えます。

柄が長めなところも使いやすく、一体成形なのでいつまでも清潔に使い続けられるのも偏愛ポイント。

page 048_049

【工房アイザワ】http://www.kobo-aizawa.co.jp/

#1_KITCHEN & DINING

023

RUG

pappelina
パペリナ

ILDA Rug

イルダ ラグ

[COUNTRY:SWEDEN　COLOR:BLACK　SIZE:260×180mm]

　1998年にスウェーデンで誕生し
たpappelinaはビニールラグのブラ
ンド。洗濯可能で手触り、踏み心地
がよく、滑りにくくて通気性にも優
れたラグはサイズやカラーの展開が
多いのも魅力です。

　リボン状のビニールテープを編み
込んで作られているのでほこりっぽ
くもならず、我が家のようにペット
と暮らす家やアレルギー対策の必要
なお宅にもぴったり。

　元来、ラグに対して苦手意識の
あった私。前述の通りペットがいま

すし、アレルギーも持っています。
また、掃除がしづらく清潔に保つこ
とが難しいというイメージもあり、
家を建てて数年は何も敷かずに生活
していました。だからこそ、とある
撮影がきっかけでpappelinaのラグ
と出会ったときには目から鱗。今で
は定番のキッチンラグをはじめ、写
真のようにダイニングでも愛用して
います。豊富なデザイン、サイズの
中からインテリアに合わせてコー
ディネートするのも楽しい一品です。

【北欧デザイン】http://www.rakuten.ne.jp/gold/hokuo-design/

#1_KITCHEN & DINING

024

POT

ENCHAN-THÉ JAPON
アンシャンテ・ジャポン

南部鉄器カラーポット
ARARE No.5

アラレ No.5

[COUNTRY：JAPAN　COLOR：WHITE　SIZE：H145×W160×D140mm]

　約400年もの歴史を誇る南部鉄器は岩手県、盛岡の伝統工芸品。保温性に優れ、陶器や磁器に比べて壊れにくいという利点もあります。カラーポットシリーズはもともと輸出用に考案された商品で、フランスを中心に海外での知名度が高いアイテム。鋳物特有の風合いに加え、職人がひとつひとつ丁寧に仕上げたカラーリングは使い込むほどに味わいを深め、美しくなっていくのだそうです。

　ずっと前から欲しいと思っていた

ものの、なかなかデザインを選びきれず、数年悩んでやっとお迎えしたのが、こちら。最初に雑誌で見かけた白のARARE No.5にしました。

　ポットの中はつるっとした黒い琺瑯仕上げになっていてお手入れしやすいのですが、表面の塗装はデリケートなので扱いには注意が必要。それでも、再塗装をお願いできたりというアフターサポートがしっかりしているあたりにブランドのこだわりを感じます。

【EBCHAN-THÉ JAPON】http://www.enchan-the.com/

#1_KITCHEN & DINING

025

BRUSH

Iris Hantverk
イリス・ハントバーク

cloth brush horse

クロースブラシ ホース

［COUNTRY：SWEDEN　COLOR：－　SIZE：H100×W95×D8mm］

Iris Hantverk は100年以上の歴史と伝統を持つスウェーデンの老舗ブラシメーカー。すべてのブラシがハンドメイドで製作されており、素材もできる限り天然素材を使ったこだわりのアイテムが揃っています。

ホースシルエットがキュートなこちらのブラシは、何年も前にインテリアショップで購入したもの。当時は何も知らずに購入しましたが、その使い勝手のよさに驚いてこのブランドに興味を持ったきっかけになった、出会いの一品です。

我が家ではキッチンの調味料の引き出しに待機していて、調理台の粉類を払ったり、食事の際に出るパンくずを集めたりするのに役立っています。

ゲストを招いてのホームパーティでは必ずと言ってよいほど注目を集める愛らしさには、掃除グッズとして以上の価値を感じます。

※こちらの商品は現在販売しておりません。

#1_KITCHEN & DINING

026

GLASS

硝子屋 PRATO PINO

ガラスヤ プラトピノ

natural glass-W

ナチュラルグラス -W

[COUNTRY：JAPAN　COLOR：CLEAR　SIZE：約φ80×H75mm]

九十九里浜の近く、静かな夜には波の音が聞こえるような、のどかな場所に工房を構える、PRATO PINO。作品はご夫婦二人で作られていて、アトリエをお訪ねする際にお電話したときの優しい対応がとても印象的でした。

ブランドとの出会いは、とある企画展でこのグラスを購入したこと。すっきりとした透明感となめらかな質感に心を奪われ、工房をお訪ねしたのが6年ほど前になります。

吹きガラス特有の揺らぎと、クリア な色味が絶妙なバランスでデザインされていて、飲み物がとても綺麗に見えます。夏の暑い日にたっぷりの氷とちぎったレモンバーム、丁寧に淹れたアイスティーを注いだら、最高のご馳走になります。

他の作品では、お箸置きやガラス製のオブジェなども愛用しており、そのどれもが飽きることなく使い続けられるシンプルさと特別感を兼ね備えたアイテムです。

page 056_057

#1_KITCHEN & DINING

027

KITCHEN TOOL

Peugeot
プジョー

Bilbo Decanter Cleaner

デキャンタ クリーナー ビルボ

[COUNTRY:FRANCE　COLOR:Black　SIZE:H110×W60×D60mm]

　一見、何の道具かわからないこち
ら、実はデキャンタクリーナーです。
数年前にウェブショップで見かけて
から気になっていて、使いたいシー
ンが生まれたのをきっかけに購入し
たもの。

　黒い容器の中に小さなステンレス
製のボールが入っていて、これを少
量の水、洗剤と一緒にデキャンタの
中に入れて揺することで内部を洗浄
できるという代物なのです。

　この容器も使い終わったステンレ
スボールを洗浄するのに便利な形状

になっており、とても機能的なデザ
イン。マットブラックのカラーリン
グも、さりげなく入ったブランドロ
ゴも素敵です。

　デキャンタを使うことはない我が
家ですが、細口のボトルなど、ブラ
シやスポンジが届きづらい形状のも
のを洗うときに活用していて、その
洗浄力にはいつも驚かされます。ま
た、使用時のシャラシャラという音
も涼しげでお気に入りです。

page 058_059

#1_KITCHEN & DINING

028

KITCHEN LINEN

HIMLA
ヒムラ

MAYA
COATED LINEN

マヤ　コーテッドリネン

［COUNTRY：SWEDEN　COLOR：ホワイト、ダークナチュラル、ブラックパール、リネン
SIZE：H1450×W1000mm～（MAYA）、370×500mm（プレイスマット）］

　スウェーデンのテキスタイルブランド HIMLA のクロスは、本当に優秀。撥水コートしてあるのにビニールのようなテカりはなく、見た目はリネンそのものです。我が家ではもともとMAYA というテーブルクロスを愛用してきましたが、同じ生地を使って日本で作られたプレイスマットも大のお気に入り。

　プレイスマットの布端は三つ折り処理されていて、四隅は額縁仕上げの高級感あるデザイン。一般的なランチョンマットよりも大きめのサイズ

はとても使いやすく、複数のカラーを器にあわせてコーディネートしています。

　リネンの素材感を生かしたデザインながら、カラーリングがシックなのでカジュアルになりすぎないところもすごく素敵で、特にホワイトは透き通るような白なので高級感があります。

　ケチャップでも、ワインでも、日常的な食事での汚れはサッと拭き取るだけで落ちるのでゲストも気を使わずに済む、というところもとても魅力的です。

※テーブルクロスは1m以上からのサイズオーダー品。

#1_KITCHEN & DINING

029

CHOPSTICK

CRAFT PLUM
クラフトプラム

Ono-ore-kanba
五角箸

オノオレカンバ 五角箸

［COUNTRY：JAPAN　COLOR：-　SIZE：230mm（大）］

オノオレカンバは漢字で斧折樺と書く通り非常に堅いことが特徴の木で、標高500mもの山肌に根を張ります。1mm幹が太くなるために3年もの年月がかかるため、長い時間をかけて目のつまった堅い木になるのだとか。自然林の中でも数が少なく、また前述の通り成長が遅いため、木材としてはとても貴重なもの。

そんな貴重なオノオレカンバを使って作られたのが、こちらのお箸です。五角形の形状は指にぴったりと合う角度で手に馴染み、箸先まで角度を残して作られているため食べ物を掴みやすく、滑りにくいという特徴があります。円柱形の箸のように転がってしまうことがないため、テーブルセットもスムーズ。

また、こちらのお箸はお直しが可能なので、何年も使い続けることができます。手を離れた商品の面倒も見てくれる、職人さんならではの心遣いが嬉しい一品です。

page 062_063

【プラム工芸】http://www.cplum.com/

#1_KITCHEN & DINING

030

KITCHEN TOOL

RÖSLE
レズレー

[COUNTRY:GERMANY]

RÖSLE のアイテムは、機能性に優れていることはもちろん、高級感あふれるデザインも魅力。我が家の食卓は RÖSLE なしでは成り立たないほど、偏愛している調理器具です。

[a]
Kitchen Torch
キッチン トーチ

クレームブリュレやお刺身を炙るのに使っています。ごく小さい火も出せるので、幅広い火力調節が可能です。

[b]
Adjustable Slicer
アジャスタブル スライサー

厚みの調節ができるスライサー。0mm から 3.3mm まで、0.3mm 幅で調節できる優れもの。0 に合わせれば安全にお手入れもできます。

[c]
Universal Lighter
ユニバーサル ライター

キャンドルの火を灯すのに使っているライター。ガス注入式で長く使えますし、柄が長いので安全に着火できます。
※こちらの商品は現在販売しておりません。

[d]
Locking Tongs
ロッキングトング

先端を上向きで握るとロックされ、下向きで握ると解除されるトング。片手で扱えるというのはこんなにも便利なことなのかと驚いた一品です。

page 064_065

#1_KITCHEN & DINING

031

CHAIR

FILE
ファイル

KS1-F

ケーエスワンエフ

[COUNTRY：JAPAN　COLOR：BLACK（flame）／ GLAY（fabric）
SIZE：H740 × W600 × D500 × SH440mm]

　我が家を語るうえで、絶対に欠か
せないのが、FILE です。1991 年に創
業された京都の家具メーカーで、自
社工場で作るオリジナル家具や、そ
れに合わせた住宅までのトータル
コーディネートを提案してくれるお店。
私のこだわりや、言葉にならない感
覚を的確に具現化してくれる提案力
には唯一無二の信頼を寄せています。

　そんな FILE で作ってもらったこの
チェアは、普段私が最も長い時間を
過ごす、ダイニングの一角、いわゆ
るお誕生日席に置くためのもの。

　もともと置いていたチェアはスチー
ル製で、羊毛を掛けてはいましたが、
長時間座り続けるには硬かったので
す。ところが買い替えを決意し、検
討し始めると色や形がすべて理想通
りというものが見つかりません。

　どうしたものかと悩んでいたところ
にご提案していただいたのが、この
KS1-F。ごく最近、FILE の新しいプ
ロダクトとして誕生したアイテムで、
なんと我が家のものが第一号商品だ
とか。何もかも自分好みに仕上げても
らったチェアは、私の宝物です。

#2 Living Room

#2_LIVING ROOM

032

CONTAINER

by Lassen
バイラッセン

Kubus Bowl small

クーブスボウル スモール

[COUNTRY：DENMARK　COLOR：BLACK　SIZE：H140×W140×D140mm]

by Lassen といえば、モーエンス・ラッセンが 1962 年にデザインした kubus キャンドルホルダーが有名ですが、私が第一印象からずっと惹かれているのはこのボウル。海外工場での大量生産が当たり前となった今でも、デンマークの職人が現地で作っているそうです。

立体としての完成度が高く、色味や質感、重さや手に持ったときの冷んやりした温度なども含めて、非の打ちどころがないアイテムです。何も入っていなくても絵になる存在で

すが、最近はエアプランツや多肉植物などを模したフェイクグリーンを飾ることが多いです。

同じブランドの Frame という小物入れも気に入っていて、この 2 つは我が家のインテリアの象徴とも言えるくらい、いつでも飾ってあります。

こういう心底気に入ったアイテムたちの作る雰囲気が、我が家らしさを形作っているのだと、あらためて感じる一品です。

page 070_071　　【DANSK MØBEL GALLERY】http://www.republicstore-keizo.com/

#2_LIVING ROOM

033

MIRROR

MENU
メニュー

Gridy me mirror

グライディ ミー ミラー

[COUNTRY:DENMARK　COLOR:-　SIZE:H340×W250×D140mm]

このミラーは、片面が写真のようなコッパー色、裏面は通常のミラーとして使える色のリバーシブルになっています。私はいつも、コッパー色側が見えるように飾っていて、鏡として使うことはほとんどありません。

ブランドサイトで見かけたのがきっかけでお迎えしたのですが、それからというもの、ほぼ年間を通してリビングにディスプレイしています。やわらかな色味と、シンプルかつスタイリッシュなデザインがどん

なテイストのインテリア小物にも馴染むので、ディスプレイコーナーの中心としてこのミラーから考えることもしばしば。

前述の通り、鏡として使うことはほとんどなく、あくまでも飾っておきたいもの。私にとっては、オブジェであり、フォトフレームでもあり、ポスターのような存在でもあるとてもマルチなアイテムです。

#2_LIVING ROOM

034

BOOKS

COFFEE TABLE BOOKS
コーヒーテーブルブックス

Noma: Time and Place in Nordic Cuisine

ノーマ：タイム アンド プレイス イン ノルディック キュイジーヌ

[COUNTRY：-　COLOR：-　SIZE：H298×W260×D380mm]

英語が得意なわけでもないのに（むしろ苦手なのに）、洋書が大好きな私。中でも、インテリア本や料理本は写真を眺めるだけでも十分楽しめるものが多いので、昔から買い集めています。

"コーヒーテーブルブック"という概念を知ったのはごく最近のことで、訪問客が待ち時間に見たり、コーヒーブレイクの際に眺めたりするためのもの。ディスプレイとしての要素も強い本の総称だそうです。素敵な洋書を探す時間はとても楽しいで

すし、上に雑貨をのせたり、数冊重ねて置いておくだけでも絵になるので、気軽に取り入れられます。

写真の2冊は装丁に惹かれて購入しました。届いてみると中身も素敵で、開いた状態で撮影時の小物にすることもあります。この2冊以外にもインテリアのために購入した洋書を複数所有していて、何かと出番も多く、使いまわしのきくアイテムだと日々感じています。

#2_LIVING ROOM

035

WALL CLOCK

JUNGHANS
ユンハンス

MAX BILL
BY JUNGHANS CLOCK
Ref. Nr. 367/6047.00

マックスビル 掛け時計 367/6047.00

[COUNTRY:GERMANY　COLOR:–　SIZE:H300×W300×D52mm]

　十数年前、我が家を新築したとき
に購入した掛け時計はマックスビル
デザインによる JUNGHANS のもの。
FILE の店頭で見かけて、ひと目で
気に入りました。「これが飾ってあ
るリビングは、きっとすごく素敵だ
ろうな」と、そう直感したのです。

　時計として使いたいというよりも、
アートとして飾りたいという考えで
お迎えしたのですが、何年も使い続
けた今でも不満がひとつもないほど、
実用品としても秀れた一品。

　シンプルな文字盤は時刻もわかり

やすく、機能的です。数字のサイズ
と、余白のバランスが秀逸で、飽き
るどころか日増しに「これ以上の時
計はない」と感じさせてくれる素晴
らしい時計なのです。

　最近同じモデルの腕時計を購入し
たのも、この掛け時計が何年もの間
マイベストだったから。飽きること
なく大切に使っていけると確信して
います。

【ユーロパッション株式会社】http://www.europassion.co.jp/junghans/

#2_LIVING ROOM

036

MAGAZINE FILE

ikea
イケア

KVISSLE
Magazine file, set of 2

クヴィッスレ マガジンファイル 2 個セット

[COUNTRY：SWEDEN　COLOR：WHITE
SIZE：H245×W95×D320mm, H250×W100×D320mm]

　新築時からリビングキャビネット
の下段にずらりと並べていた、ファ
イルボックス。当初は別ブランドで
買った紙製のものを使っていました。
その頃はファイルボックスをたくさ
ん並べて使う風景というのが珍し
かったように感じていて、自己満足
に浸ったことを覚えています。

　しかし、十数年もの時が経過する
と、日焼けで黄ばんできてしまって
……。同ブランドはすでに日本から
撤退してしまったので、同じものは
購入できないのに、納得できるデザ

インのものが見つけられないという
状態。気になる気になると思いなが
らさらに数年、変色した紙のファイ
ルボックスを使い続けました。

　そんなある日、イケアで見つけた
のが、こちら。スチール製なので長
く使えそうだということと、ネーム
プレートを付けたら今の感じに近く
なりそうだということにピンときて、
購入。思った通りのアイテムだった
ので後日、必要な個数を買い揃え、
やっと今の形にたどり着きました。

【イケア・ジャパンカスタマーサポートセンター】 http://www.ikea.com/jp/ja/　　　**page 078_079**

#2_LIVING ROOM

037

BINDER

AGRIPPA
アグリッパ

Steel Binder AGRIPPA Swedish Standard

アグリッパ バインダー 40mm

[COUNTRY:SWEDEN COLOR:WHITE SIZE:H320×W280×D400mm]

　アートディレクター平林奈緒美さんのご自宅にズラリと並んでいる様子を写真で見てから憧れていたAGRIPPAのバインダー。表紙はファイバーボード、背表紙はスチールという同色異素材の組み合わせがとてもツボで、日本での取り扱いがないことをとても残念に思っていました。

　初めて見てから数年後、とあるお店に平林さん監修による雑貨のコーナーが作られることになりました。その中でこちらの品も取り扱われる

ということを知り、期待いっぱいで店頭へ向かいました。長年想い続けたアイテムだけあって、実物を目の当たりにしたときは大袈裟な表現ではなくドキドキしたほど。

　それから少しずつ数を増やし、今ではブラックのものも所有しています。中には雑誌の切り抜きやレシピカードなどを収めていて、デスクやリビングキャビネットが定位置。

　今でも、佇まいだけで、うっとりできますし、そんなバインダーは他にはないと思います。

page 080_081

#2_LIVING ROOM

038

LUMINAIRE

ARTEMIDE
アルテミデ

TOLOMEO TERRA

トロメオ テラ

〔COUNTRY：ITALY　COLOR：SILVER　SIZE：H2145（Max）×W1350（Max）×D330mm〕

　FILE の店頭で初めて紹介されたときに即決してしまった、ARTEMIDE のスタンドライト。長い間寝室で使っていたため、数年前にリビング用のスタンドライトを探し求めた際にも、やはり ARTEMIDE にたどり着きました。

　絶妙なサイズ感や適度な重さ、アームの自由度も高くて使い勝手が良いところも魅力ですが、なんといってもこのビジュアルにはいつまでも洗練された印象を受けます。テレビや映画でハッと目をひくライト

を見かけたと思ったら、我が家のものと同じだったなんてことがあるほどに惚れ込んでいるのです。

　購入後、数年経ってからクリップライトを追加しましたが、これはソファ横の壁を照らして間接照明として使うため。トロメオ付きのトロメオとなった我が家のスタンドライトですが、この見た目がまた、すごく可愛い。どこか、意志を持ったキャラクターのようにも見える様子に、毎日ときめいています

〔YAMAGIWA〕http://www.yamagiwa.co.jp/

#2_LIVING ROOM

039

TRAY

THE VINTAGE VOGUE
ザ ヴィンテージ ヴォーグ

rain wood tray

レイン ウッド トレイ

［COUNTRY：USA　COLOR：-　SIZE：φ205×H20mm］

　よくお買い物をするショップで商品を見ていたときに運命の出会いをした、THE VINTAGE VOGUE のトレイ。ひと目で惹かれて買うことを決めたのですが、サイズに悩んでまずはこのＳサイズを購入しました。

　白、黒、グレーを基調とした我が家には、あまり柄ものがありません。整然とした雰囲気が好みなので、あまり積極的には置いていないというのがその理由ですが、そんな中にあってこのトレイがとても良い仕事をします。

　リビングのキャビネット上が定位置となりつつあり、絶妙な存在感でインテリアのアクセントになります。また、木製ということもあって見た目以上に軽く、扱いやすいところも魅力。すっかり気に入ってしまった私はＬサイズも購入しました。スパッタリングという手法を使ってハンドメイドされているため柄がひとつずつ異なり、表情の違う大小のトレイを並べて飾っても素敵でした。

【B.L.W】http://borderless-lw.com/

page 084_085

#2_LIVING ROOM

O4O

AUDIO

LINN
リン

Majik DSM

マジック DSM

[COUNTRY:SCOTLAND　COLOR:BLACK　SIZE:H80×W381×D380mm]

　高校生のときに初めて見た LINN のオーディオは白いボディのもの。その時の「かっこいい！」という強烈な印象から、いつかは手に入れたいと憧れ続けていました。それから数十年の時を経て、不思議なご縁で我が家にやってきたのがこちらです。

　オーディオとしては珍しくパーツのカラーセレクトが可能だったり、ブランドロゴのていねいな刻印などディテールまでこだわられたデザインも魅力のひとつ。それと同時に、プロユースの機能性やケーブルと

いったひとつひとつの付属品が専用品であるという特別感もあります。

　やっと手に入れることができた念願のオーディオは想像以上に生活を潤してくれて、できることならいつまでも、我が家で活躍し続けて欲しいと願っています。

　部屋中に音楽が満ちあふれるようなイメージでスピーカーを配置したので、室内で過ごす人の気分を高揚させたり、落ちつかせたりといった目的で選曲するもの効果的。

【リンジャパン】http://linn.jp/

#2_LIVING ROOM

041

SOFA SET

FILE
ファイル

LIBRA

リブラ

[COUNTRY:JAPAN　COLOR:GLAY　SIZE:H900×W1800×D920mm]

　数年前に購入（一部リフォーム）したリビングのソファセット。こちらも、FILEで作ってもらったものです。セミオーダーしたグレーの本革と人工スウェードの組み合わせにはとてもこだわりました。時が経った今でも心底ほれ込んでいるデザインです。人工スウェードは超極細繊維になっており、我が家のようにペットと暮らす家には特におすすめの素材なのだそう。LIBRAに決めた理由のひとつが背面の見え方。我が家の間取り的な理由と、私が主に

ダイニングで過ごすことも相まって、ソファの背面を眺める機会が多いからです。サイズの大きなソファですが、直線的なデザインは過度な威圧感を与えることなく背面からもすっきりとして見えます。座面や背もたれ、クッション、オットマンなど、スウェードの一部に本体と同じ本革でパイピングを施してもらったので統一感もあり、リビング全体の雰囲気をぐっと大人っぽくしてくれます。

【FILE】http://www.file-g.com/

#2_LIVING ROOM

042

SLIPPER

Kitz-Pichler
キッツ・ピヒラー

HALL

ハル

[COUNTRY：AUSTRIA　COLOR：RED、GLAY　SIZE：39、43]

　新築時からずっと使っているのが、このスリッパ。高級ウールフェルトで作られていて、丈夫なのに通気性が高いのが魅力です。定期的に新しいものを下ろしているのですが、うっかり忘れて2年近く使っていたことも……。毛足が短いこともあって夏場でもさらっと履けます。

　私は裸足で過ごすのも好きで、ちょっと急いでいたりするとスリッパでの移動がもどかしく、ついつい脱いでしまうのですが、このスリッパは履いたまま走っても平気なほど。履き込むほどに足に馴染んで、素足のように過ごせるため、階段もストレスなく昇降できます。

　また、我が家の床は無垢材なので摩擦が強く、通常のスリッパでは裏側がすぐに消耗してしまうのですが、このスリッパのソール部分は傷みづらいと感じます。ウールに天然ゴムを染み込ませて作られた特殊なソールが使われていて、繰り返し洗濯しながら1年以上も使い続けられる耐久性もまた、魅力のひとつです。

#2_LIVING ROOM

043

CAMERA

Canon
キャノン

EOS 5D Mark Ⅲ

イオス 5D マーク Ⅲ

〔COUNTRY：JAPAN　COLOR：‐　SIZE：H116.4×W152×D76.4mm〕

　父の影響で電化製品が好きな私は、デジタルカメラを使い始めるのも早く、どんどん進化していく機材とともに写真を撮ることにもどっぷりとハマっていきました。ブログを始めたことも大きなきっかけとなって、今ではいちばんの趣味のひとつと言えるくらいにカメラに夢中。風景や室内のインテリア、ブログ用に物撮りなど、そのどれもが刺激的で発見や勉強の連続です。

　とうとう憧れのプロ機に手を出したくなってお迎えしたのが、フルサイズの一眼レフ。素人の私には勿体ないほどの良いカメラですが、使い始めて数年経った今でも思い通りにはなりません。でも、それがすごく楽しいのです。

　いつか、このカメラの個性や出来ること、出来ないことをきちんと理解して、ネット上で交わされているカメラ談義に加われるほどになれたらいいな、と日々試行錯誤しています。今の目標は「我が家の写真は私がいちばん上手に撮れます」と言えるようになることです。

#2_LIVING ROOM

044

POSTER

PAPER COLLECTIVE
ペーパーコレクティブ

Whale reprise

ホエールリプライズ

[COUNTRY：DENMARK　COLOR：-　SIZE：H700×W500mm]

　家を建ててから興味を持ったもの
のひとつである、ポスター。もとも
とシンプルなインテリアが好きだっ
た私ですが、家を建てて壁が広く
なったことをきっかけに、殺風景と
シンプルは別だ、と気が付いたので
す。

　取り入れてみると、ポスターとは
なんと便利で魅力的なアイテムなの
でしょう。部屋の印象を大きく変え
ることも、オブジェや家具に合わせ
て位置を考えることもできる。すご
く楽しくて一気に惹きこまれました。

　そんな中で出会ったPAPER
COLLECTIVEのポスター。数年前、
ショップのブログで知ったのですが、
その姿にひと目惚れ。やってきたポ
スターは想像以上に素敵で、届いた
日には色々なところに持って行って
は「どこに飾っても良い！」と嬉し
い悲鳴でした。

　ポスターの紙質のこだわりを持つ
きっかけにもなったブランドです。

【KOZLIFE】 http://www.kozlife.com/

page 094_095

#2_LIVING ROOM

045

FLOWER VASE

KÄHLER
ケーラー

Omaggio Base

オマジオ ベース

［COUNTRY：DENMARK　COLOR：BLACK　SIZE：φ80×H125mm（S）、φ50×H80mm（mini）］

　我が家のファーストオマジオはブラックのSサイズ。ウェブショップで購入したので、手にしたときには想像以上の実物の可愛いさに感激したことを覚えています。

　工業製品にはない手描きの風合いがあるのに、クラフト感満載というわけではない。可愛らしいアレンジも、クールな一輪も、どちらも受け止めてインテリアに馴染んでくれる使い勝手のよさ。花がなくとも、オブジェとして成立しているデザイン。どこをとっても好きな要素ばかりで、

どんどんはまっていきました。

　カラーバリエーションが豊富で、並んでいるところを見るのもとても楽しいのですが、我が家ではシルバーやパールなど無彩色のものを中心にコレクションしています。パールは同色の組み合わせを質感の違いでボーダーにしているところにすごく感激しましたし、色ごとにここまで印象が変わるのか、という驚きもあってついつい集めたくなってしまいます。

【KOZLIFE】http://www.kozlife.com/

#2_LIVING ROOM

046

WALL PAPER

Designers Guild
デザイナーズギルド

AROUND THE WORLD Crayon_Dove

アラウンドザワールド クレヨン（ダヴ）

［COUNTRY：UK　COLOR：GLAY　SIZE：−］

　現在、リビングと続いている TV ルームは、新築時は和室だったスペース。そこを上手く使いこなせていなかったことから、現在の形にリフォームしたのでした。

　洋室にリフォームすると決めたときから、壁紙には少し遊び心を取り入れたいと考えていました。最終的に決めたこのクロスは FILE の店舗でも過去に使われていたことがあるもので、ブランドからはキッズルーム向けのクロスとして提案されています。一見主張が強そうに見える柄

ですが、遠目にはすごくシックで。そんなギャップのあるこのクロスを決めたことで、TV ルームのデザインがどんどん組み立っていきました。

　この本の一部の写真は TV ルームの壁を背景にして撮影してもらったのですが、まさに、私のやりたかったことそのもの。一見遊び心のあるクロスにシックなアイテムを合わせて理想の空間作りをしたかったのです。少し離れたところから見たときと、近づいて見たときの印象が変わるのも魅力のひとつ。

#2_LIVING ROOM

047

TISSUE BOX

CONCRETE CRAFT
コンクリートクラフト

BUTTON TISSUE BOX

ボタン ティッシュ ボックス

［COUNTRY：JAPAN　COLOR：GLAY、WHITE、RED　SIZE：H65×W126×D250mm］

　我が家ではあまりティッシュペーパーを使いません。使い終わったティッシュの、いかにもゴミですという感じが苦手で。また、目に見えるところに出ていることで、どうしても生活感が増してしまいます。それでは理想のインテリアから遠のいてしまうという理由もあり、昔からティッシュボックスは引き出しや棚にしまう習慣がついていました。

　それでも、やっぱり生活には必要なものですから、使うときには目につきますし、友人が訪ねてきたとき

などにも取り出すシーンがあります。

　そういったときに、ちょっと嬉しくなるのが、このティッシュボックス。家にあるティッシュは全てこのケースに入れて使っているのですが、シンプルなカラー展開も魅力。ふとしたときに目に入るティッシュボックスがおしゃれなものだと気分も上がります。

　奇をてらいすぎず、分かりやすいデザインも好感が持てます。

page 100_101

【B.L.W】 http://borderless-lw.com/

#2_LIVING ROOM

048

ORNAMENT

ERZ

Star of Bethlehem
wooden ornaments

ベツレヘムの星 オーナメント

［COUNTRY：GERMANY　COLOR：SILVER、BLACK（handmade）
SIZE：φ100mm（large）、φ70mm（small）］

昔から憧れていた、ベツレヘムの星。数年前から少しずつ買い足して、今では各色複数所有しています。クリスマス用のオーナメントとして作られたものですが、私は日常のインテリアにプラスすることもあります。

ゴールドやブロンズのような甘い色合いもとても可愛いのですが、今の気分はシルバーや自分で塗ったブラックバージョン。木製なので軽くて扱いやすく、転がしておくだけでオーラのあるオブジェになります。

クリスマスの時期には小ぶりのツリーを贅沢に飾るのが好みで、そのときにはゴールドやブロンズのベツレヘムも出してきて、その年ならではの飾り付けを楽しんでいます。また、立体的なデザインなのにツリーが重くならないという点も、とても重要なポイントです。

季節ごとのイベント行事を楽しむことで、一年の移り変わりや気候の変化に敏感になれます。私はとくにクリスマスが大好きなので、ハロウィンが終わって11月に入るとそわそわしてしまいます。

#3 Bath Room

前ページの写真が最新版・我が家の洗面台です。こちらの写真と比べることで、ビフォーアフターがわかりやすいのではないでしょうか。洗濯機と水栓金具が寿命を迎えたことで決まったリフォームですが、せっかくの機会なので色々と追加のリクエストもして理想の洗面室に仕上げてもらいました。棚を三段に増やしたことで天板上のものが少なくなったため、入浴時の着替え置きや洗濯をする際に使えるスペースが広くなりました。洗濯機は機能的にもかなり使いやすくなり、タオルバーやペンダントライトなども一新してデザイン的にも大満足。日常の生活を送りながら、少しずつ今の我が家にとってベストな形に変えていってもらえることはリフォームならではのメリットです。

ひと足先にリフォームしていた浴室の壁面と同じタイルを洗面室にも使用。それによって浴室と洗面室の一体感が増し、空間も広く感じられるようになりました。

#3_BATH ROOM

049

SOAP

Santa Maria Novella
サンタ・マリア・ノヴェッラ

Sapone Latte

フレグランスソープ

[COUNTRY：ITALY　COLOR：-　VOLUME：100g]

出会いは友人からのヨーロッパ土産。とにかく香りが好みにぴったりだったので、すぐにお店を訪ねました。店内に足を踏み入れた瞬間、全身がラグジュアリーな香りにつつまれます。また、商品はとても丁寧にディスプレイされており、そのほとんどがショーケースに入れられていました。お店の方に声を掛けないと手に取れませんし、値段も表示されていませんでしたが、それも含めて素敵な雰囲気だと感じたのです。あれもこれもと手を出すのではなく、気に入ったものを心してお迎えするための場所だ、と。

色々な商品を使ってみるうちに、ブランドの価値観に触れるような気がします。そしてそのたびに、サンタ・マリア・ノヴェッラのファンになります。中でもこのソープは私にとって特別なもの。ブランドとの出会いの品でもありますし、ボディソープが苦手な私たち夫婦にとって、重要な生活の一部なのです。

#3_BATH ROOM

050

SOAPBATH SOLT

Santa Maria Novella

サンタ・マリア・ノヴェッラ

Sali da Bagno

バスソルト ザクロ

[COUNTRY:ITALY　COLOR:−　VOLUME:500g]

　800年もの歴史がある世界最古の薬局として知られるサンタ・マリア・ノヴェッラ。その伝統に裏付けされたレシピと厳選を重ね続けている天然素材は世界中の人々に愛用されています。

　パウダリーで、少し強いかな？と思うほどに香るこのバスソルトは、お湯に溶かすとその表情を変えます。むせ返るような刺激は一切ないのに、一瞬でバスルームを別世界に変えてくれるような、とにかくうっとりしてしまう香り。個人的な感想ですが、

お湯がまろやかに感じられるところにも癒されます。

　男性は香りのあるバスソルトをあまり好まないイメージだったのですが、意外なことに、夫もこの香りをとても気に入っています。他のソルトがあってもほとんど使わないので、今はこれしかストックしていません。入浴後にほのかに漂う残り香を感じながらお風呂掃除するのも楽しみのひとつ。

page 112_113　　　　　　　　　　　　　　　※現行商品とはパッケージが異なります。

#3_BATH ROOM

051

CARE GOODS

Aēsop
イソップ

Reverence Aromatique Hand Wash

レバレンス ハンドウォッシュ & more

[COUNTRY：AUSTRALIA　COLOR：-　VOLUME：500ml(ハンドウォッシュ)]

使用前から Aēsop の商品はよく見かけていて、パッケージがとても可愛いので記憶に残っていました。そのため購入時はパッケージ目当てだったものの、商品の品質はどれも素晴らしく、私たち夫婦の肌に合うものが多いことから我が家の定番になりました。特に肌の弱い夫が気に入って使うようになってからは、私も自然と Aēsop のスキンケアアイテムを使うようになりました。夫婦で共有することで、ストックの管理もシンプルにできます。毎日使うも

のだからこそ、パッケージデザインの気に入るものを見つけることはとても重要。出し入れする手間を省くことはもちろん、インテリアとして満足度の高いアイテムは日常に少し豊かな気分をプラスしてくれます。

どこの店舗に行っても、どのスタッフにお尋ねしても、すごく気持ちの良い対応をしていただけるので、Aēsop での買い物はいつも楽しみです。

#3_BATH ROOM

052

TOWEL

THE CONRAN SHOP
ザ・コンランショップ

SUPIMA COTTON TOWEL

スーピマ コットン タオル

[COUNTRY:UK　COLOR:WHITE　SIZE:70×140cm、40×80cm]

　バスルームで使うタオルは昔から真っ白なもの、と決めています。最近使っているのは、THE CONRAN SHOP でセールのときにまとめ買いしたもの。

　ただ真っ白いだけではなく、フックやバーにかけたときに生きるアクセントの入ったものが好きです。ホテルライクなインテリアを目指しているので、高級感が感じられるものを選びたいと思っていて、このタオルに限らず、そのときに手に入るものの中から気に入ったデザインのも

のを買うようにしています。

　このタオルは定番アイテムというわけではないようなので、同じものが手に入らないようだったらまた別の気に入るタオルを探そうと思っています。

　タオルの白さにもこだわりがあって、黄味がかった生成りっぽい白よりも、さっぱりとした白が好き。なので、同じもののリピートでない限りは店舗で色味を見てから買っています。

※こちらの商品は現在販売しておりません。

page 116_117

#3_BATH ROOM

053

CANDLE

DIPTYQUE
ディプティック

DIPTYQUE CANDLE (BAIES)

ディプティック キャンドル ベ

[COUNTRY : FRANCE　COLOR : BAIES　VOLUME : 190g]

アパレルショップやインテリア
ショップなど、本当に色々なところ
で目にする機会の多い DIPTYQUE。
ラベルのデザインもとても好みだっ
たことから興味を持ち、店頭でお店
の方に案内してもらって初めて購入
したのがこの、BAIES という香り
のキャンドル。

別売りのフタも購入して、今は洗
面所の棚が定位置です。ここに置い
ておくとお手洗いのタイミングなど
でも香りを楽しむことができるのが
嬉しいポイント。

私は火を灯して使うというよりは、
芳香剤として、置いておくだけでほ
のかに漂う香りを楽しんでいて、普
段はフタをしたまま、来客時はフタ
を開けておもてなしの香りとして楽
しんでいます。

時間の経過で香りが薄れてきた頃
に初めて火を灯して使う計画で、そ
の時は新たに芳香剤として同じもの
を購入しようと考えています。

page 118_119

#3_BATH ROOM

054

FABLIC CARE

THE LAUNDRESS

ザ・ランドレス

FABRIC FRESH No.10

ファブリックフレッシュ ＆ more

［COUNTRY：USA　COLOR：No.10　VOLUME：250ml］

インテリアショップにディスプレイしてあったのが THE LAUNDRESS との出会いでした。パッケージがとても好みで気になっていたので、後日、販売している店舗でお試ししてみたら香りもすごく良くて感激。価格は少し割高に感じましたが、それでもお迎えしようと思ったのは、出しておけるボトルデザインと、アパレルへの強いこだわりから生まれたというヒストリーにも惹かれたから。

ほのかな香りが上品ですし、洗剤の投入口のぬめりが格段に減ったこ

とも驚きでした。妊婦さんや赤ちゃんの衣類にも使える成分ということもあって、手肌にもダメージがなく、洗濯機や配管、ひいては環境に対してもすごく優しいということがわかりました。

どの香りも好きなのですが、特にブランドの 10 周年を記念して誕生した No.10 という香りのラベルが好みで、洗面所のインテリアアイテムとしても一役かってくれます。

#3_BATH ROOM

055

BATH GOODS

ZACK

ツァック

ARGOS DOOR STOPPER (50618)

アルゴス ドアストッパー (50618)

［COUNTRY：GERMANY　COLOR：classic　SIZE：5×10.5cm（ドアストッパー）］

　浴室のリフォームに際して、念願のグッズをお迎えしました。それがZACK のドアストッパー、スクイージーです。

　ZACK は我が家の色々なところでも採用しているブランドで、ステンレス製ハウスウェアの専業メーカー。シーズンごとに新作が発表されるのでいつも楽しみにしているのですが、このバスグッズたちを見た瞬間、すぐに「これしかない」と思いました。

　特に気に入っているのがドアス

トッパーで、これはもう、端的に言って、とても美しい。こんなことを言うと、大げさだと思われてしまうかもしれませんが、私はこの世にこれ以上かっこいいドアストッパーがあるとは思えません。

　一緒に使っているスクイージーもデザインを揃えるためというだけでなく、機能も含めてベストなアイテムだと感じています。

［写真上］ZACK JAZ バスルームスクイージー（40082）

#3_BATH ROOM

056

OBJET

CONRAD TOKYO
コンラッド トウキョウ

CONRAD DUCK

コンラッド・ダック

[COUNTRY:JAPAN　COLOR:－　SIZE:－]

コンラッドホテルのオリジナルアメニティ、コンラッドダックの東京バージョン。我が家では、湯船に浮かべずに浴室のオブジェとしてバスタイムを見守ってくれています。

コンラッド東京に宿泊するともらえるそうですが、我が家のアヒルちゃんはホテルのショップ出身。お風呂のアヒルといえば、黄色いものという固定観念を抱いていたので、雑誌で見かけたときには、ひと目惚れすると同時にそのデザインに感心もしてしまいました。どうやら、コ

ンラッドをはじめとする世界各地のラグジュアリーホテルにもダックのアメニティはあるようで、色々なデザインコレクションされている方もいらっしゃるとか。その中でも、モノトーンデザインのダックは珍しく、そんな私好みのデザインのダックが東京で手に入るということに運命も感じてしまいます。

余談ですが、欲しがっていたことを覚えていてくれた夫が、仕事帰りに購入してきてくれたという思い出の品でもあります。

#3_BATH ROOM

057

SPEAKER

BRAVEN
ブラヴェン

Braven710

ブラヴェン 710

[COUNTRY：USA　COLOR：SILVER　SIZE：H67×W158×D46mm]

　半身浴のお供に、音楽は欠かせません。このスピーカーは Bluetooth 対応なので、我が家ではダイニングのノートパソコンから音楽を選んで再生しています。

　シンプルな箱型の形状も、アルミの質感、ブランドロゴなども、デザインのすべてがとっても好み。底の部分はラバー素材なので、どこに置いても滑りにくく、擦れて傷がついたりという心配がありません。

　コンパクトなスピーカーですが、サブウーファーまで内蔵されており、

このサイズの商品としては十分すぎるほどの音質だと感じます。大音量にすれば音割れもしますが、我が家は主に浴室で使用しているため、ボリュームを極端に大きくすることもありません。さらに、スマホの充電やハンズフリー通話まで可能、かつ、Bluetooth 受信機としても活用できるので、古いステレオなどと繋げば無線で音楽を再生できるようになるらしく、アウトドア好きの友人にプレゼントした時にもとても喜ばれました。

【シンワショップ】http://www.shinwashop.com/

#3_BATH ROOM
058
TILE

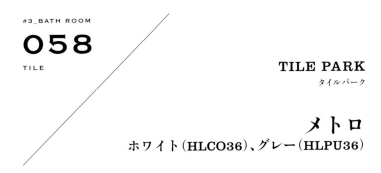

TILE PARK
タイルパーク

メトロ
ホワイト(HLCO36)、グレー(HLPU36)

[COUNTRY:JAPAN　COLOR:WHITE,GLAY　SIZE:H76×W152×D9.5mm(メトロ)]

　浴室リフォームをすることが決まってからというもの、周囲の方から「タイル選びは大変だよ〜」と、たくさん言われていました。とはいえ、バスタブも水栓金具もサクサクと順調に決められましたし、自分にとってはそんなに大変な作業にはならないだろう、なんて、軽く考えていたのです。

　洗面室をグレーとホワイトでコーディネートしているので、ガラス窓で続く浴室も同じようにこの２色でまとめたいと決めていました。ところが、色を２色に限ったとしても膨大な選択肢がある。これは、施工をお願いした FILE の魅力のひとつですが、膨大な知識から、本当に色々な選択肢やそれらのサンプルを見せてくれるのです。

　タイルメーカーのショールームにお邪魔したり、ベニヤ板に試し張りして雰囲気を見せてもらったりしながら決めたこだわりの組み合わせ。目地の幅も５mmとやや太めにデザインしてもらいました。

#3_BATH ROOM

059

BATHROOM
ACCESSORIES

KOHLER
コーラー

Forté®
robe hook K-11375

フォルテローブフック K-11375

[COUNTRY：USA　COLOR：ポリッシュドクローム（-CP）　SIZE：H64×W67×D68mm]

　バスルームのパーツ選びのため、あちこちのショールームへ見学に通うなかで、別メーカーのものも検討しましたが、最終的には家全体の水栓とのマッチも考えて KOHLER の水栓金具で揃えました。

　KOHLER 東京ショールームは様々なアイテムが展示されており、ついつい長居してしまう空間。あれも素敵、これも可愛いと目移りしながら、ひとつひとつのパーツを選んでいきます。

　KOHLER の特長のひとつに、豊富なカラー展開があります。この写真は浴室壁面に設置したフックですが、我が家に採用したポリッシュドクロームの他にも複数の選択肢がありました。多くのパーツに色味や表面加工、素材を変えて様々なバリエーションを用意してあり、選ぶ楽しさも倍増。

　フックは壁面のデザイン的視点で取り入れた一面もありますが、収納を造作しなかった我が家のバスルームにおいて、実用的にも大活躍しています。

#1_KITCHEN & DINNING

060

GOODS

SUWADA
スワダ

SUWADA つめ切り CLASSIC

[COUNTRY:JAPAN COLOR:– SIZE:L]

　ギフトに選ぶことの多い SUWADA のつめ切り。使ってみたいとは思いつつ、いつも自宅のことは後回しになっていました。

　けれど、このつめ切りを贈った方からは決まって大きなリアクションが返ってくるのです。

　「そんなにすごいの？」と、興味が湧いてしまい、自宅用にも購入したのが数年前のこと。

　使ってみると、想像以上にこれが良いのです。ぺちぺち、という独特の音が心地よく、切り口もなめらか。

このつめ切りを使うようになってから、切り口をやすりで仕上げなくても良くなったほど、普通のつめ切りとの差は歴然でした。

　日本有数の刃物産地、新潟県三条市で使われる商品は、職人さんたちの技を日常で感じられるものばかり。

#3_BATH ROOM

061

CLEANER

Murchison - Hume
マーチソン・ヒューム

"BOY'S BATHROOM" CLEANER

"ボーイズ・バスルーム" クリーナ

[COUNTRY:JAPAN COLOR:- VOLUME:480ml]

衣服の洗濯に使っているランドレスのアイテムや、洗面室で使っているAēsopのアイテムのように、ナチュラル系の洗剤を使うことで手肌だけでなく、家具や家電も傷みづらくなったと実感しています。Murchison - Humeもそんなナチュラル系洗剤のうちのひとつ。

私は入浴後に必ずバスルーム全体の掃除をすることにしていますが、面倒くさがらずにそれを続けられている理由のひとつが、この洗剤なのです。今まで使ってきた他のお風呂用洗剤と比べて香りがよく、パッケージも素敵なので手に取るのがなんとなく楽しい。また、前述の通り手肌にも優しいので安心して使うことができます。

こだわりの原材料と機能性、デザイン性、それから価格についても納得の一品で、我が家にはいつでも詰め替え用のストックがあります。パッケージがインテリアの一部として置いておけるくらい素敵なことも、毎日使うものだからこそ一層ありがたいです。

#3_BATH ROOM

062

TOOTHBRUSH

無印良品

歯ブラシ

[COUNTRY:JAPAN　COLOR:CLEAR、GREEN　SIZE:H180×W14×D15mm]

　毎日使うものは、なるべく安価で購入しやすいものが良いと思っています。我が家の歯ブラシは、無印良品の定番商品。つい最近、モデルチェンジしたようで、写真のものとはデザインや色が変わりますが、引き続き使っていくつもりです。

　それまではドラッグストアやスーパーで購入できるようなメーカーの歯ブラシを使っていたのですが、シンプルなデザインのものが見つからず、どれもプラスチック感満載。かろうじてクリアカラーのものをリ

ピートしていましたが、それも色が好みではありませんでした。

　そんなとき、無印良品の歯ブラシがとても好みの感じだということに気が付き、さっそくお試し。使い心地も価格もパーフェクトだったので、それからはずっとこれ一筋です。

　洗面台に出して置くものだからこそ、気に入ったデザインのアイテムと出会えたことにとても満足しています。

※現行商品とはカラーバリエーションが異なります。

#3_BATH ROOM

063

CLEANER

DBK
ディービーケー

The classic steam & dry iron (J95T)

ザ クラシック スチーム&ドライ アイロン (J95T)

[COUNTRY:GERMANY　COLOR:-　SIZE:H145×W125×D240mm]

　映画や海外雑誌でもたびたび目にする DBK のアイロン。友人宅で実物を見たこともあって、素敵だと思ってはいたものの、なかなか手が出ずにいました。

　そんな気持ちを抱いて数年後、長年使っていたアイロンがいよいよ不便を感じるほどの故障状態になり、念願のアイロンを購入することに。

　いざ使い始めてみると、その機能性に目を見張るばかりでした。旧アイロンの方は、スチームを使っても納得できる仕上がりを得ることができなかったため、スプレーのりを使って仕上げていましたが、このアイロンはその手間が必要ないのです。

　重さやシェイブが良いのでしょうか、隅々までピッと伸びるので、楽しくなってしまいます。私はアイロンがけに苦手意識があったのですが、買い替えをきっかけにそれもなくなったのですから、モノの持つパワーはすごいと実感しました。

#3_BATH ROOM

064

DUSTER

REDECKER
レデッカー

Fether Duster

オーストリッチ羽はたき

[COUNTRY:GERMANY　COLOR:-　SIZE:H350×W200mm]

　家中の、ありとあらゆるアイテム
の中でいちばん使っているものは何
ですか——そんな質問を受けたら、
おそらく私はこのアイテムを挙げる
と思います。

　羽はたきを使い始めて、家の掃除
がとても楽になりました。なんとな
く購入した初代のはたきを使い潰し
てから、見た目にもこだわったもの
をと思って選んだのが、こちら。そ
れ以来、もう何本購入したかわから
ないほど使い続けてきました。ディ
スプレイコーナーなど、ものが細々

と並んでいる場所も掃除できるので
時短にもなりますし、ちょっと気づ
いたときにさっと使いたいので、1
階と2階、それぞれに専用のはたき
を置いています。はたきでほこりを
落としてから、ロボット掃除機で床
掃除をする、というのが我が家の基
本スタイルなので、このはたきが無
かったら生活出来ない、というほど
頼り切っています。

　私がインテリアやディスプレイを
楽しめているのもこの羽はたきのお
かげです。

【アクセルジャパン】http://axeljpn.com/

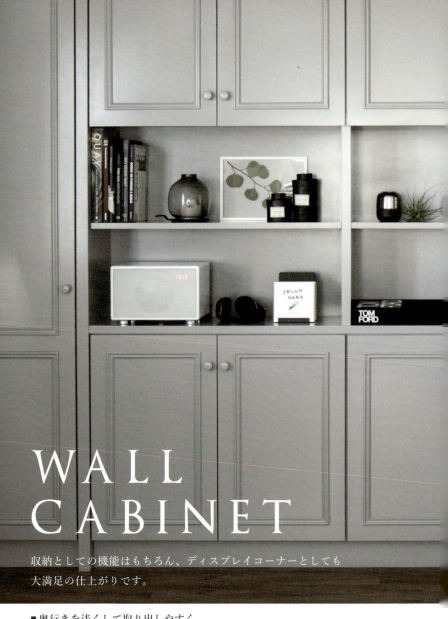

WALL CABINET

収納としての機能はもちろん、ディスプレイコーナーとしても大満足の仕上がりです。

■ 奥行きを浅くして取り出しやすく

キッチン収納で学んだ浅め棚の利便性をこちらでも採用。収納量よりも使いやすさを重視することで、不要品を溜め込むこともなくなります。

■ こだわりのグレー

この部屋に配置する他の家具との相性を考えて選んだ色味は特に気に入っているポイント。

■ ディテール

扉の装飾や壁面デザインなど、細かな部分にもこだわりをつめこみました。

DESK &
BED ROOM

このデスクはドレッサーも兼ねていて引き出しにはアクセサリーやコスメグッズなどが収納されています。クローゼットも同室にあるため、身支度に必要なものがすべてそろっているのです。

[a] クローゼット

ドアの表面は布張りになっていて、その生地選びにも苦労しました。悩んだ末に決定したのは偶然にも隣室のソファと同タイプのもの。

[b] 衣装棚

デスク兼ドレッサーの裏側は衣装用のオープン棚になっています。引き出すとちょっとしたテーブルになるギミックも含まれていて、使い勝手も完璧。

[c] コルクボード

衣装棚の背板はそのままデスクの一部として使われています。黒いコルクボードは裏返すとフレームと同じウォールナット材で、リバーシブルに楽しめる仕組みです。

[d] デスク棚

デスク奥にある横長の棚は取り外して机上を広く使うことも可能。ディスプレイを楽しむのに最適なデザインです。

[e] ベッドコーナー

ベッドサイドのテーブルは壁に造りつけられていて、床から浮いています。ペンダントライトも含め、シンメトリーを意識してディテールを決定しましたが、それは憧れのホテル、ラディソン SAS ロイヤル コペンハーゲンのベッドルームにインスピレーションを受けてのこと。(P.175 参照)

#4_2nd FLOOR

065

LUMINAIRE

Louis Poulsen
ルイスポールセン

PH Artichoke

PH アーティチョーク

DESIGN BY POUL HENNINGSEN

［COUNTRY：DENMARK　COLOR：WHITE　SIZE：φ720×H650mm］

　先述した通り、つい最近のリフォームでは、2階部分の大改装に乗り出したのですが、そのときに導入した大物が、こちら。言わずと知れたLouis Poulsenの名品のひとつ。憧れなんておこがましいとすら思っていたアイテムですが、リフォームの打ち合わせを重ねるうちに覚悟が決まっていきました。

　まずはこの、存在感。大胆なサイズ感に対して、繊細で緻密なデザイン。迫力あるビジュアルに反して、ふんわりと灯りを纏う姿……。設置したばかりの頃は素敵、なんて感想を通り越して玄関ホールから上が異次元空間になったかのような、ただならぬオーラを発していました。現在でも、玄関ホールを通るたびに目を奪われてしまいます。

　我が家のような一般家庭に来てもらって申し訳ないような気持ちになるほどの名品ですが、「これから一生かけてでもこの照明にふさわしい家にしていきたい」と、日々の活力まで得られるのだから不思議です。

#4_2nd FLOOR

066

SOFA

FINN JUHL
フィン ユール

Poet Sofa

ポエト ソファ

[COUNTRY：DENMARK　COLOR：WALNUT（flame）/ GLAY（fabric）
SIZE：H800×W1400×D800×SH420mm]

　2階部分のリフォームで導入した憧れのアイテムのひとつ、FINN JUHL のポエト ソファ。リフォームを機にワークルームにちょっとくつろげるスペースを作りたいと考えて導入したものです。ラウンジチェアを2脚並べて、間にサイドテーブルを置くスタイルを目指して家具を検討し始めたものの、土壇場でこちらのソファに決定。ソファを置くほどのスペースではないと諦めていたけれど、コンパクトなポエトならと決断できました。

　こちらの家具は、基本のバリエーションからカラーを選ぶだけでなく、生地を選んでオーダーすることも可能。今回選んだこの生地は、隣室の建具にも採用しているもの。そういう家全体の統一感を演出できたのも、FILE に相談したからこそです。届いたソファは本当に可愛くて可愛くて。ここでくつろぐ時間のために、色々なことが頑張れるとすら思うほど。

#4_2nd FLOOR

067

CALENDAR

the Stendig calendar
ステンディグカレンダー

Stendig calendar

ステンディグカレンダー

〔COUNTRY：ITALY　COLOR：-　SIZE：H915×W1220mm〕

マッシモ・ヴィネッリデザインの
ステンディグカレンダーは、1966
年に発表されて以来"デザイン界の
至宝"と謳われているそうです。我
が家に導入したのは、2015年版か
ら。初めてお迎えしたときは、想像
以上の大きさに驚き、そしてそれ以
上の素敵さに感動したことを覚えて
います。さすが、至宝と誰もが頷く
一品。

それから場所を変え、デコレー
ションを変えながら毎年飾っていま
すが、飽きることがありません。こ

んなに大きなアイテムなのに、部屋
の雰囲気に自然と溶け込んでくれる
からでしょうか。また、ときには大
きなインパクトを持ってインテリア
の主役にもなってくれるギャップも
魅力のひとつです。月ごとに黒ベー
スと白ベースが交互になっているの
で、めくるときには、いつも変化を
感じられます。

page 152_153　　　【シスデザイン】 http://www.rakuten.co.jp/sisdesign/

#4_2nd FLOOR

068

STOOL

TOLIX
トリックス

H Stool

エイチスツール

〔COUNTRY：FRANCE　COLOR：ロースチール　SIZE：H450×W310mm×D310mm〕

　TOLIXといえば、Aチェアが定番かもしれませんが、私が溺愛中なのはこちらのHスツール。もともとTOLIX社のデザインはどれも好みで、工業系デザインが好きな私にとって、質感からサイズ感、使い心地までパーフェクトと言えるものばかり。とくにこのHスツールはデザインのみならず、使い勝手が本当によいのです。

　現在はワークルームの大きな壁面収納前にスタンバイしていて、一時的にものをのせておいたり踏み台として高いところにあるものを取り出すときに使ったりしています。以前は1階リビングでプランターの土台や、バスケットを置いてクロス類の収納スペースにしていたことも。

　いつでもどこにでも置いておけるデザイン性には毎回唸りますし、それでいて頑丈というところにも愛着を持ってしまいます。キュートなカラーリングが魅力のレッドも納戸で使っていて、我が家のあちこちを動き回って大活躍してくれる働き者といえます。

【FLYMEe】http://flymee.jp/

page 154_155

#4_2nd FLOOR

069

OBJET

Vitra
ヴィトラ

Eames House Bird

イームズ ハウス バード

[COUNTRY:SWITZERLAND　COLOR:BLACK　SIZE:H276×W85×D278mm]

あのイームズ夫妻が訪れた先々から集めた民芸品の中で特に気に入っていたという黒い鳥のオブジェ。それを遺族の協力によりスイスの家具メーカーヴィトラが製品化したものがこちら。イームズ夫妻の自邸写真のリビング中央にいつも写り込んでいたことで世界的にも有名になったアイコン的存在です。

海外ブロガーのお部屋や、雑誌のインテリア特集などで見かけるたびに素敵だと思っていたのですが、2階のリフォームをきっかけに置きたい場所ができたので購入することに。サイズを確認してあったのですが、それでも第一印象は「思ったよりも大きい！」でした。もちろん、そこが可愛い。

すべすべの手触りは写真を通しても伝わってくるようで、部屋の写真を撮るときにはついつい写り込ませたくなってしまうほど。モードなオブジェというイメージで購入した私は、思いがけない愛らしさに日々悶絶しております。

page 156_157　　　【ヴィトラジャパン】http://facebook.com/japanvitra/

#4_2nd FLOOR

070

OBJET

Vogel
フォーゲル

Radiometer

ラジオメーター

[COUNTRY:GERMANY COLOR:- SIZE:約φ75×H137mm(Short)、約φ85×H160mm(Wide)]

　もともとイギリスの物理学者によって実験用として発明されたラジオメーター。その後、吹きガラス製品を作っている Vogel 社によって製品化され、世界中でオブジェとして親しまれるようになったそうです。太陽光や白熱灯などの光を受けてガラス内部の羽がくるくると回る姿には、独特の癒しを感じます。

　我が家にはショートサイズ（写真左）とワイドサイズ（写真右）をお迎えしましたが、並べると親子か兄弟のようでとても微笑ましいです。

　すべて職人さんの手作りだということで、吹きガラス特有のとろみがあるような光の反射がとても綺麗。ホワイトを基調としたリビングのインテリアに合わせると、ガラスの輪郭が不思議なコントラストを生みます。中でゆったりと（ときにスピーディに）回る羽がいつまでも見つめていたくなるような気分にさせてくれる。ブラックの調理台に合わせてキッチンに置けば、透明感が際立ってキラキラと浮かび上がってくるようで、そちらもたまらなく素敵です。

【CHRONOWORLD】 http://www.rakuten.co.jp/chronoworld/

#4_2nd FLOOR

O71

OBJET

HOPTIMIST
ホプティミスト

WOODY HOPTIMIST
[Woody BUMBLE,BABY Woody BUMBLE]

ウッディホプティミスト［ウッディバンブル、ベビーウッディバンブル］

[COUNTRY:BELGIUM　COLOR:-　SIZE:H135×W95×D11mm（Woody BUMBLE）、
H65×W5×D65mm（BABY Woody BUMBLE）]

デンマークの家具職人ハンス・グスタフ・エアレンライフによってデザインされた北欧のオブジェ、ホプティミスト。こちらは1968年から1974年の間に販売されていたオリジナル版ではなく、復刻版。オリジナルと同じようにひとつひとつデンマークの職人さんが手作りされているそうです。

北欧のインテリア写真で見かけるたびに可愛いなと思っていたのですが、こちらのウッド素材のものはなかなか日本国内に出回らず、購入す

るチャンスがありませんでした。それだけ欲しいと思い続けたものなので、やっと個人輸入で手に入れたときの喜びもひとしお。

大小2つのサイズでお迎えしたので、軽く触れると揃ってぽよんと揺れる姿は、どこか「クスクス」と笑い合っているようで、とっても可愛いのです。ピースフルなキャラクターながら幼い雰囲気にならないデザインもとても好み。

※こちらの商品は現在日本国内で販売しておりません。

#4_2nd FLOOR

072

CARPET

TASIBEL
タジベル

Lanagave super

ランアガベ

[COUNTRY:BELGIUM COLOR:BLACK SIZE:-]

リフォームをきっかけにカーペット貼りになった寝室。実はこのカーペット、1階の元和室ことテレビ室で採用したものと同じなのです。ウールとサイザル麻の混紡素材で、ベルギーの老舗メーカー TASIBEL のもの。

色は黒に近いチャコールグレーで、テレビ室の特徴あるクロス（P.98）とも寝室のクロスとも相性が良いものを選びました。ゴワっとした硬い感触のカーペットで、家具をのせてもヘタらず、掃除もしやすいので非常に扱いやすいです。ぼこぼことした凹凸が踏みしめたときに足裏に伝わってくるところもお気に入り。

リフォーム後の寝室は、以前にも増して静かな空間となり、カーペットが音を吸収してくれているような気がします。足音や誤ってものを落としてしまったときにも大きな音がたたず、1階へ響くこともないので家族にとってもより心地よく過ごせるようになったと感じています。

※200cm幅と400cm幅のサイズオーダー品。
【FILE】http://www.file-g.com/

page 162_163

#4_2nd FLOOR

073

CHAIR

Fritz Hansen
フリッツ・ハンセン

SERIES 7 ™
CASTORS(3117)

セブンチェア キャスター（3117）

[COUNTRY：DENMARK　COLOR：Hallingdal 65-166　SIZE：H789×W500×D520×SH440mm]

　セブンチェアは、ブランドを代表するベストセラー。アルネヤコブセンデザインによる世界的な名品です。我が家のダイニングチェアもこちらを使っており、その座り心地には大満足していたものですから、デスクチェアを検討し始めたときにもいちばんに候補にしました。

　色々な選択肢のなかからひとつずつ悩んでカスタマイズして、我が家にやってきたのは座面高44cm、肘置きなしキャスター付きのフルパディング（全面布張り）タイプ。ファ

ブリックのことを色々と伺いながら膨大な種類のサンプルから生地選びもしました。クヴァドラ社のファブリックは、我が家の2階両室にもたくさん採用させてもらいましたが、耐久性とデザイン性に優れた高品質な生地です。

　世界にひとつ、私の「好き」をたくさん詰め込んだチェアは眺めているだけでも幸せな気持ちになれる存在。

page 164_165　　　【DANSK MØBEL GALLERY】http://www.republicstore-keizo.com/

#4_2nd FLOOR

074

MIRROR

ZACK
ツァック

FELICE STANDING MIRROR (40114)

フェリーチェ スタンドミラー（40114）

[COUNTRY：GERMANY　COLOR：–　SIZE：H355×D190（Max）mm]

　バスルームでも多数のアイテムを愛用しているブランド、ZACK のスタンドミラー。こちらは数ある同ブランドのプロダクトの中でもトップを争うロングセラーだそう。ヘアライン加工のステンレスが鏡の艶とコントラストを作って美しく、適度な重さが高級感を演出しています。

　国内では丸の内のパレスホテルや京都のホテルグランヴィアなどでも採用されていて、確かな品質が様々なシーンで求められていることを証明しています。

　我が家では寝室のデスクがドレッサーの役割も兼ねているので、メイクのときに使うこのミラーもデスクに。はっと目をひくオーラのある佇まいは、オブジェとして飾っておけるほどなので、日常的に使用するものとしてとても助かります。

　素材選びなども含め、ベーシックなフォルムの中に散りばめられたこだわりのディテールが、いつまでも洗練された印象を保っている理由です。

page 166_167

#4_2nd FLOOR

075

DESK BRUSH

Iris Hantverk
イリス・ハントバーク

BROOM

ブルーム

[COUNTRY:SWEDEN COLOR:– SIZE:H300×W30×D70mm (hair:55mm)]

　P.54でもご紹介しましたが、実用的でありながら、デザイン性が高く、インテリアとしても素敵なイリスのブラシは、我が家の色々なところで採用されています。中でも、このBROOMはキーボードや電卓などデスク周りの掃除にぴったり。毛のしなり具合が絶妙で、埃のたまりやすい凸凹した場所もすっきり綺麗になるので気持ちが良いのです。

　ブラシ部分には馬の毛が使われていて、ハンドルまで油分を多く含んでいるため、紙の上やデスクの上に出したままにしておくと油のしみができてしまうことも。そのため、我が家ではフックに吊るしておくか、ステンレス製のトレイの上に収めておきます。天然素材ならではの注意点ですが、その油分のおかげで塵や埃を除きやすかったり、ハンドルがなめらかで使い心地が良かったりするのですから、立派な長所と言えるでしょう。

#4_2nd FLOOR

076

PERFUME

---

[a]

Santa Maria Novella
サンタ・マリア・ノヴェッラ

Acque di Colonia

オーデコロン

同ブランドの「バニラ」も愛用していま
すが、それに似てスパイシーな甘さがあ
る「トバッコ・トスカーノ」。スモーキー
な甘さがあると私は感じています。

[香り：Tabacco Toscano／トバッコ・トスカーノ
SIZE：100ml　COUNTRY：ITALY]

---

[b]

L'ARTISAN PARFUMEUR
ラルチザン パフューム

Eau de Toilette

オードトワレ

数年前に一時的に廃盤になってしまった、
TEA FOR TWO。買い溜めした残りの1
本なので大切に使っていますが、とうと
う色が変わってきてしまいました。

[香り：TEA FOR TWO／ティーフォーツー
SIZE：100ml　COUNTRY：FRANCE]

---

[c]

BYREDO
バレード

EAU DE PARFUM

オードパルファム

私の好みはアンバー、ウッド、バニラな
どのベースにスモーキーだったりスパイ
シーだったりのアクセントがあるものな
のですが、GYPSY WATER はまさにドン
ピシャ。ネーミングも素敵です。

[香り：GYPSY WATER／ジプシーウォーター
SIZE：50ml　COUNTRY：FRANCE]

---

[d]

BYREDO
バレード

EAU DE PARFUM

オードパルファム

同じく BYREDO の BLANCHE。こちら
はクセのないホワイトローズの香り。幅
広く好まれそうな香りだと思っていて、
大勢の方とお会いするときなどは、こち
らをつけることが多いです。

[香り：BLANCHE／ブランシュ
SIZE：100ml　COUNTRY：FRANCE]

#4_2nd FLOOR

077

BED LINEN

無印良品

インド綿高密度サテン織
ホテル仕様寝装カバーシリーズ

［まくらカバー2種、掛けふとんカバー、ボックスシーツ］

［COUNTRY：JAPAN　COLOR：OFF-WHITE　SIZE：−］

　無印良品で購入した、オーガニックコットン100％のベッドリネン。

　高密度でシルクのような光沢があり、すべすべさらさら……思わず頬ずりしたくなるような気持ちよさが嬉しい一品です。人生の大半をベッドで過ごすということを考えると、ベッドリネンにはこだわりたいところ。かといって、素材と同じくらい清潔さも大切だと思うので、気兼ねなく何度でも洗濯できるものであることが重要です。

　真っ白な寝具というのは探すと意外と見つからないもので、我が家の場合は柄のない無地のもの、品質や価格に納得できるものというシンプルな条件だったにもかかわらず、これに出会うまでに時間がかかりました。

　そうやってじっくり吟味しながら選んだアイテムだからこそ、毎日眠りにつく瞬間を幸せに迎えられるのだと実感します。

#4_2nd FLOOR

078

BLANQUETTE

bastisRIKE
バスティスリク

THE GRID - COTTON BLANKET

ザ・グリッド - コットン ブランケット

[COUNTRY：GERMANY　COLOR：BLACK & WHITE　SIZE：H240×W160mm]

　我が家の寝室を語るうえで、絶対にはずせないマスターピースがこちら。もともとは世界で限定50枚の予定だったのですが、世界中に人気が広がり、再生産の依頼が絶えないことから継続販売が決定したという逸話もあるほどの魅力的なデザインです。手書き風のグリッド模様がシンプルなのに本当に可愛くて、可愛くて……。私は可愛さと手触りの虜なので、長年 "悶絶ブランケット" と呼んでいます（笑）。

　寝具に続いてこちらのブランケットも100%オーガニックコットン製。ふわふわの柔らかい感触で、触っているだけで時を忘れてしまいそうです。

　モノトーンなのにモダンになりすぎず、その肌触りと相まって可愛らしさも感じられるブランケットは、主にベッドスローとして使っています。コットン素材なので長く使えるのも嬉しいポイントで、我が家では真夏以外はこちらを出しています。

page 174_175

#4_2nd FLOOR

079

STOLE

Johnstons
ジョンストンズ

Drawer 別注
大判カシミヤチェック
ストール

ザ・グリッドコットン ブランケット

[COUNTRY：UK　COLOR：BLUE×YELLOW×BLACK　SIZE：H186×W73mm]

Johnstonsのストールを初めて手に入れたのは十年前、真っ赤なチェックが可愛いロイヤルスチュワートを選びました。まだ若かった私は、かなり葛藤した上で購入しましたが、使い始めてからは「どうしてもっと早く買わなかったのだろう」とすら思うようになりました（正しくは、買えなかったのですが）。

2枚目は無地のグレー。そして3枚目がこのブルーのチェック柄のものです。ロイヤルスチュワートのチェック柄の中にも青が入っている

のですが、その発色がすごく綺麗で、「どうしてJohnstonsには青いストールがないのか」と思っていた矢先、雑誌でこちらの品を見かけて、ひと目惚れ。限定品ということを知って急いで予約し、入荷連絡をいただくと同時に買いに出かけました。誕生日プレゼントとしてちゃっかり夫に買ってもらったことも思い出。毎年新作が発表されるのを楽しみにしているアイテムのひとつで、一生かけてお気に入りをコレクションしていきたいです。

※こちらの商品は現在販売しておりません。

#4_2nd FLOOR

080

DIARY

SMYTHON
スマイソン

PREMIER
NOTE BOOK

プレミア ノートブック

[COUNTRY:UK COLOR:NAVY SIZE:H130×W110mm]

2011年から使い続けている SMYTHON の手帳。もとは表紙の欧文のみ刻印されたデザインなのですが、オリジナル刻印サービスを利用して馬蹄＋365 のモチーフを入れてもらっています。ヨーロッパでラッキーモチーフとされている馬蹄と一年の日数を合わせて「一年を通して穏やかに前向きに過ごしていけるように」という願いを込めているつもりです。

正方形に近いこの形と、羽のように軽いと言われる独自の用紙が機能的。また、ブラック＆ゴールドのクラシックなバイカラーと、中紙のスマイソンブルーが絶妙なコントラストを生む色合わせも素敵で、DIARY が廃盤になった今でも NOTE BOOK を手帳として使い続けています。

打ち合わせの時にどこのものか聞かれたり、同じものが欲しいと言ってもらうこともある自慢の一品です。

#4_2nd FLOOR

081

CARD CASE

SMYTHON
スマイソン

PANAMA
BUSINESS CARD CASE

パナマ カードホルダー

[COUNTRY:UK　COLOR:RED　SIZE:H75×W105mm]

手帳やペンケースなど、日常的に持ち歩くアイテムは SMYTHON のものを多く使っています。名刺入れもそんな中のひとつ。数年前、イギリスから個人輸入で購入しました。カバンの中でぱっと目につく色ではありますが、鮮やかすぎず落ち着いたレッド。革の手触りやブランドロゴの刻印もスタイリッシュなので、"大人の赤"というイメージがあります。

名刺入れを購入したのは、そのタイミングで名刺を持ったから。当時、ただのブロガーである私が名刺なんて……と思っていたので、企業の方とご挨拶する機会や、お仕事でご一緒するときなどに名刺を受け取っても、お詫びしつつ受け取ることしかできずにいたのです。連絡先を交換するときにも口頭や手書きで対応していたのですが、これでは先方にとって迷惑だ、とやっと気がついて、オーダーしたのがこの名刺。以前から手帳の刻印としてオーダーしていたモチーフを入れてもらい、オリジナル気分を味わっています。

#4_2nd FLOOR

082

GOODS

Santa Maria Novella
サンタ・マリア・ノヴェッラ

Carta d'Armenia

アルメニアペーパー

［COUNTRY：ITALY　COLOR：-　SIZE：H23×W90×D11mm］

芳香樹脂やオリエンタルスパイスの香りを染み込ませたペーパー。本来の使用方法はお香のように炎を出さずに燃やして室内を薫らせたり、着火せずにそのままクローゼットやシューズボックスに入れて香らせる——とあります。

私は主にお財布と名刺入れに忍ばせて使っていて、出し入れの際に香りを楽しんでいます。また、名刺にもほのかに香りが移るので、名刺交換した際に気づいてもらえることもあり、初対面でも話が弾むきっかけになることも。ちょっとしたギフトにも選びやすいため、プレゼントとして贈ることも多いアイテムです。

私はこういった「自分だけしか感じない程度にほのかに香るもの」が好きで、香水をつけるのもごく少量。近くで時間を過ごすうちに、周りの人にも「なんとなく、良い香りがするな」と感じてもらえるようなこのペーパーは、そんな私にとって最適な香りの楽しみ方ができる一品です。

page 182_183　　※写真は著者私物につき現行商品とパッケージが異なる場合があります。

#4_2nd FLOOR

083

KEY RING

BP.
ビービー

SNAP KEYRING

スナップ キーリング

［COUNTRY：JAPAN　COLOR：SILVER　SIZE：φ38mm（L）］

　スナップリング（C型留め輪）と呼ばれる工業パーツを使ったキーリング。日本のハンドクラフトブランドBP.ならではの一品です。ステンレスと真鍮のコンビで無骨だけどオーラのあるデザインにひと目惚れしてしまいました。

　小さなアイテムながらも存在感があり、ただトレイに置いてあるだけでも絵になる存在。工業製品が好きなので、出先や電車移動の際などにはついついバッグから出して眺めてしまいます。

　キーリングに関してはあれこれ付け替えて気分転換することの多かった私ですが、こちらを使い始めてからは長いこと浮気をしていません。

　BP.のアイテムは他にもユニークなものが多く、これから出る新しい商品も楽しみなブランドです。

【B.L.W】 http://borderless-lw.com/　　　　page 184_185

#4_2nd FLOOR

084

PEN

Montblanc
モンブラン

Meisterstück Platinum Line Classique Ballpoint Pen

マイスターシュテュック プラチナ クラシック ボールペン

［COUNTRY：GERMANY　COLOR：BLACK　SIZE：φ11×H140mm］

　筆記具の最高峰 Montblanc の万年筆はいつか所有してみたい憧れのアイテムでした。とはいえ、万年筆を使うシーンは少なめ。一方でボールペンを取り出す機会が多かった私は、色々と考えた末、こちらを購入しました。

　モンブランのペンを使っている、という満足感以上に、書き心地やグリップの心地よさがあって、常に持ち歩いて愛用しています。

　手帳やちょっとしたメモ書きなど、自分だけが見るもの以外に、人に何か伝えるときや、お願いするときに添える手描きのカードもサッと書けるようになりました。

　消耗品のイメージが強かったボールペンですが、勇気を出して気に入るものを持つことで、大切に使い続けることを知りました。

#4_2nd FLOOR

085

GLASSES

OLIVER PEOPLES
オリバーピープルズ

DENTON / LAURIANNE

デントン（写真上）／ ロリアン（写真下）

［COUNTRY：USA　COLOR：362（DENTON）、COCO2（LAURIANNE）　SIZE：-］

ハリウッドセレブやミュージシャン、日本でもタレントやモデルが多く使っているアイウェアブランド OLIVER PEOPLES。1987 年の創業以来 30 年もかけて培われた品質と高いデザイン性が人気です。クラシックな丸型眼鏡もポピュラーなモデルですが、私は楕円形のグラスを使ったモデルに惹かれます。

昔から伊達眼鏡が好きで、この 2 つも度の入っていないもの。ストールやアクセサリー、帽子などと同じようにファッションアイテムとして

コーディネートを楽しんでいます。

どちらもべっ甲模様の入ったブラウン系のフレームを使っていますが、DENTON はしっかりとした太めのフレームにアクセントパーツが目立ちます。しっかりめのメイクに合わせることが多いです。反対に、LAURIANNE はレンズも小さめでフレームも細く全体的に女性的なデザインなので、ナチュラルメイクの日やほとんどノーメイクのときでも自然にかけられます。

※LAURIANNEは現在生産しておりません。

Brand List

【no.】	page	brand	URL
【007】	018	ambienTec	http://www.ambientec.co.jp/
【009】	022	Own.	http://borderless-lw.com/
【011】	026	oxo japan	https://www.oxojapan.com/
【012】【059】	028/130	KOHLER	http://www.jpkohler.com/
【015】	034	JAMES MARTIN	http://www.jamesmartin.jp/
【016】	036	SOEHNLE	https://www.soehnle.de/en/
【017】	038	KAYMET	http://www.mh-unit.com/kaymet.html/
【020】	044	1616/arita japan	http://www.1616arita.jp/
【022】	048	工房アイザワ	http://www.kobo-aizawa.co.jp/cc/
【024】	052	ENCHAN-THE JAPON	http://www.enchan-the.com/
【026】	056	硝子屋 PRATO PINO	http://www.geocities.jp/pratopino/
【027】	058	Peugeot	http://peugeot-mill.com/
【029】	062	CRAFT PLUM	http://www.cplum.com/
【030】	064	ROSLE	http://www.rosle.jp/
【036】	078	イケア・ジャパン	http://ikea.jp/
【038】	082	Artemide	http://www.artemide.it/
【039】	084	THE VINTAGE VOGUE	http://www.thevintagevogue.com/
【040】	086	LINN	http://linn.jp/
【031】【041】	066/088	FILE	http://www.file-g.com/
【043】	092	Canon	http://canon.jp/

[no.]	page	brand	URL
[047]	100	CONCRETE CRAFT	http://www.craftcraft.net/
[049] [050] [076] [082]	110/112/ 170/182	Santa Maria Novella	http://www.santamarianovella.jp/
[051]	114	イソップ・ジャパン	http://www.aesop.com/
[053]	118	DIPTYQUE	http://www.diptyqueparis.com/
[055] [074]	122/166	ZACK	http://besign.jp/
[056]	124	CONRAD TOKYO	http://www.conradtokyo.co.jp/
[058]	128	TILE PARK	http://tile-park.com/
[060]	132	SUWADA	http://www.suwada.co.jp/
[061]	134	Murchison – Hume	http://murchison-hume.jp/
[062] [077]	136/172	無印良品	http://www.muji.com/
[065]	148	Louis Poulsen	http://www.louispoulsen.com/
[067]	152	the Stendig calendar	http://www.stendigcalendar.com/
[068]	154	TOLIX	http://www.tolix.fr/
[069]	156	Vitra	http://www.vitra.com/ja-jp/
[071]	160	HOPTIMIST	http://hoptimist.com/
[081]	174	bastisRIKE	http://www.bastisrike.de/
[083]	184	BP.	http://www.bptokyo.com/
[084]	186	Montblanc	http://www.montblanc.com/
[085]	188	OLIVER PEOPLES	http://oliverpeoples.jp/

※本ページ記載のURLはブランドの公式サイトです。掲載商品のお問い合わせを保証するものではありません。
※記載している商品名・ブランド名・会社名等はすべて2017年8月時点のものです。

ひより

ブログ「ひよりごと」主宰。ホワイトベースのモノ
トーンインテリアや、購入アイテムを紹介した記事
が人気を集め、ブログランキングでは常に上位。「家
をもっと好きになる」をコンセプトに、現在も日々、
ブログを更新中。著書に『『ひよりごと』のシンプ
ル＆ホワイトインテリア』（マイナビ）、『ひよりご
との見せる収納／しまう収納』（マガジンハウス）、
『後悔しないモノ選び』（KADOKAWA）がある。

「ひよりごと」https://plaza.rakuten.co.jp/hiyorigoto/

STAFF

デザイン：菊池 祐
撮影：ひより（P.4-5、P.67、P.104-
105、P.109）
田辺エリ（上記以外すべて）
構成・文：宇佐美彩乃

「ひよりごと」我が家の逸品

2017年9月21日　第1刷発行

著　者　　ひより

編集協力　宇佐美彩乃
編集　　　棒田 純
発行人　　安本千恵子
発行所　　株式会社イースト・プレス
　　　　　〒101-0051　東京都千代田区神田神保町2-4-7
　　　　　久月神田ビル
　　　　　TEL 03-5213-4700/FAX 03-5213-4701
　　　　　http://www.eastpress.co.jp
印刷・製本　中央精版印刷株式会社

本書の無断転載・複製を禁じます。
落丁・乱丁本は小社あてにお送りください。
送料小社負担にてお取り換えいたします。

©hiyori 2017 Printed in Japan
ISBN 978-4-7816-1574-5